Andreas Gebhardt

101 Impulskarten zur Entwicklung der Organisationskultur

für Trainer, Berater und Coachs

managerSeminare Verlags GmbH – Edition Training aktuell

Andreas Gebhardt
101 Impulskarten zur Entwicklung der Organisationskultur
für Trainer, Berater und Coachs

Endenicher Str. 41, D-53115 Bonn
Tel: 0228-977910, Fax: 0228-616164
info@managerseminare.de
www.managerseminare.de/shop

ISBN: 978-3-95891-071-3
Herausgeber der Edition Training aktuell: Ralf Muskatewitz, Jürgen Graf, Nicole Bußmann
Lektorat, Satz: Ralf Muskatewitz
Layout: Sonja Buske
Coverabbildung: Bernd Otten
Druck: Kösel GmbH & Co. KG, Krugzell

Inhaltsverzeichnis

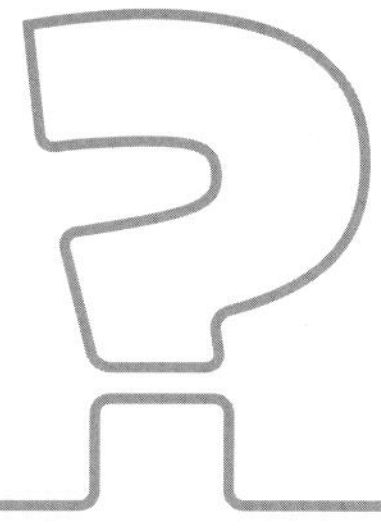

Die Einführung

101 Impulskarten
zur Entwicklung der Organisationskultur

Fehler

Führung/Macht

Lernen/Entwicklung

Lob/Anerkennung/Wertschätzung

(Selbst-)Verantwortung

Innovation/Mut/Kreativität

Vertrauen/Respekt

Sinn

Kontakt

Konflikt

Entscheidung

Analyseimpuls

Anhang

Download-Ressourcen

Als Download-Ressourcen zu diesem Buch stehen Ihnen zur Verfügung:

- eine Kurzanleitung
- alle Impulsfragen dieses Buchs
- eine digitale Suchtabelle

Den Link zu den Download-Ressourcen finden Sie auf der letzten Buchseite.

Die Einführung

Warum dieses Buch?

Kennen Sie das Gefühl: Sie haben im Kino einen richtig guten Film gesehen und kommen im Anschluss völlig motiviert nach draußen? Die Leinwandbilder hinterlassen ihre Spuren in die reale Welt hinein? Und Sie stellen sich vielleicht die Frage, wie kann auch ich zum Helden werden? Wie werde ich auch so mutig, entschlossen und ausdauernd? Dieses Gefühl ist uns sicherlich allen in unserer Jugend begegnet. Aber vielleicht erinnern Sie sich noch an ähnliche Emotionen, die Sie bei aller Ernüchterung auch als Erwachsener erlebten.

Ich bin Jongleur und Vortragsredner und stehe schon seit über fünfundzwanzig Jahren auf Bühnen. Ich nutze meine Bühnenerfahrung und auch die jeweilige Bühnensituation, um entsprechende Bilder und Emotionen in den Köpfen meines Publikums zu erzeugen. Ich spreche über den Umgang mit Fehlern und veranschauliche ihn auch entsprechend. Was Fehler für das Lernen bedeuten, für die zwischenmenschlichen Beziehungen, und wie wichtig es ist, sich immer wieder an Neues und Unbekanntes zu wagen.

Wenn alles gut läuft, schaffe ich es, meine Teilnehmer zu begeistern, sie zu berühren und zu motivieren. Und dann kommen sie heraus „aus dem Film“ und kehren zurück in ihren Alltag. Nach zwei Tagen Führungskräfteseminar hat sich entsprechend Arbeit aufgestaut, die sie erst einmal abarbeiten müssen. Es erfordert Überstunden, vielleicht zieht sich alles sogar eine ganze Reihe von Tagen hin, bis sie endlich wieder Gelegenheit haben, um über die Dinge nachzudenken, die sie in der Veranstaltung noch so begeisterten. Vielleicht hat bis dahin der Alltag jede Motivation auch wieder aufgefressen.

So ein Kulturthema ist spannend, da ist Musik drin, doch die entscheidenden Fragen lauten: Wie retten wir die Aha-Momente in unseren Alltag? Wie schaffen wir es, uns neben der täglichen Arbeitslast und dem Dauerstress weiterhin mit den neuen Erkenntnissen auseinanderzusetzen und die Begeisterung, die Chancen und Möglichkeiten zu nutzen, die in dem Thema stecken?

Was würde ein Jongleur machen? Jonglieren lernt man nicht, indem man mal ein Wochenende zu einer Convention geht. Zwei Tage im Jahr können einen großen Unterschied in der Motivation erzeugen – und manchmal macht es „Klick“, ein Knoten ist gelöst, etwas Neues bahnt sich den Weg in die Welt. Aber im Handwerklichen, im Können, in der Weiterentwicklung der eigenen Fähigkeiten bewirken ein, zwei Tage wenig. Will ich mich als Jongleur weiterentwickeln, dann muss ich über längere Zeit dranbleiben, regelmäßig üben, Routinen entwickeln. Kulturveränderungen entwickeln sich da ganz ähnlich. Workshop-Tage sind hervorragend geeignet, wenn es um Information und Motivation geht. Aber eine Veränderung des Verhaltens ist nicht zu erreichen, wenn man einmal im Jahr eine große Aktion veranstaltet und tolle Informationsbroschüren verteilt. Es braucht über längere Zeit viele kleine Veränderungen, viele einzelne gute Gedanken und viele kleine gute Aktionen von vielen einzelnen Mitarbeitern, um dem gewünschten Ziel näher zu kommen. Und genau das ist der Ansatz, den dieses Buch unterstützt.

Dieses Buch liefert Ihnen direkt anwendbare Impulse, quasi minimalinvasive Interventionen, um unternehmensweite Kulturveränderungsprozesse vorzubereiten, sie zu begleiten oder zu vertiefen.

Sie können sich einzelne oder mehrere Impulse zu einem Themengebiet herausnehmen und sie da nutzen, wo es für Sie am sinnvollsten ist. Sie können aber auch Routinen erstellen und auf regelmäßiger Basis in einem Team Impulse platzieren – und damit den Austausch zu Kulturthemen im Organisationsalltag verankern. Dieses Buch liefert Ihnen Impulse, die Sie eins zu eins einsetzen können. Damit verzahnen Sie Ihre Kulturthemen mit dem Alltag Ihres Teams. Sie öffnen das alltägliche Miteinander für den Austausch und die aktive Gestaltung ihrer Organisationskultur.

Welche Idee steckt dahinter?

Ein Freund hat mir mal empfohlen, nur noch englische Management-Literatur zu lesen. Sein Argument war, viele dieser Bücher seien geschrieben worden, weil die Autoren wollten, dass ihre Leser ein Thema schnell und bestmöglich verstehen, nicht um zu demonstrieren, wie intelligent ein Autor ist.

Ich persönlich bevorzuge „English“ bis „Medium Rare“. Ich mag es kurz und knackig, schnell auf den Punkt gebracht. Kurzweil und Humor sind für mich das Salz in der Suppe. Meine Aufmerksamkeitsspanne ist beschränkt und ich will meinen Lesern nichts zumuten, was ich selbst nicht mag.

Die Impulse dieses Buchs haben häufig einen spielerischen, lustigen, provokativen oder bildlichen Ansatz. Ich habe versucht, so wenig wie möglich Text zu produzieren, denn die Aufmerksamkeit bei der Arbeit mit den Impulsen soll nicht beim Input liegen, sondern bei dem, was die Teilnehmer gemeinsam erarbeiten.

Man kann nur an dem arbeiten, was man sieht. Die Impulse machen Kulturthemen sichtbar und rücken sie damit ins Bewusstsein. Das hört sich banal an, ist aber von Belang. Denn gerade für Kulturthemen fehlt es oft an Bewusstsein. Man liest immer wieder: „Wir brauchen eine Fehlerkultur!“ Als ob es die nicht schon längst gibt. Dieses Nichtbeachten dessen, was schon da ist, führt rasch dazu, dass das Kind mit dem Bade ausgeschüttet wird. Die Kultur, in der wir zusammenarbeiten, hat uns gut bis hierher gebracht. So schlecht kann es also nicht um die bestehende Kultur bestellt sein. Auch wenn es für die Zukunft sicher Veränderungsbedarf gibt, sollte man sich auch immer Gedanken dazu machen, was an der bestehenden Kultur bewahrenswert ist.

Bright und Parkin beschrieben Unternehmenskultur sehr treffend mit den Worten: „So machen wir das hier." (D. Bright & B. Parkin (1997): Human Resource Management – Concepts and Practices. Business Education Publishers). Es geht also nicht um Absichtserklärungen und Außendarstellungen, sondern darum, wie man wirklich miteinander arbeitet. Es geht nicht um Leitbilder, sondern um Vorbilder, die wir einander sind. Es geht darum, welche Haltungen, Werte, Verhaltensweisen im Alltag tatsächlich zu erleben sind.

Schaut man sich eine Organisation an, so stellt man allerdings fest, dass in jeder einzelnen Abteilung etwas anders miteinander umgegangen wird. Das bedeutet, die Organisationskultur ist nicht überall gleich. Wie die Dinge wirklich gemacht werden, hängt davon ab, wie jeder Einzelne seine Spielräume nutzt. Jeder Einzelne trägt ein Stück Verantwortung und seinen Teil dazu bei, wie man „das hier macht". Gleichzeitig passt sich jeder Einzelne auch an die bestehende Kultur an. Führungskräfte haben oft größere Einflussmöglichkeiten und sollten sich daher ihrer Vorbildfunktion im Miteinander deutlich bewusst sein.

Welche Ziele verfolgen die Impulse?

Die Impulse dieser Sammlung helfen den Teams, ihre Kultur selbstverantwortlich weiterzuentwickeln. Einer der wichtigsten Aspekte in der Arbeit mit Impulsen ist deshalb der Austausch der Teilnehmer untereinander, die gemeinsame Reflexion, Konsens und Dissens sichtbar zu machen. Sicherlich haben sich einzelne Teilnehmer bzw. Teammitglieder bereits Gedanken zu Vertrauen, Respekt, Verantwortung und anderen Kulturthemen gemacht, aber sie sind genauso sicher auch zu unterschiedlichen Ergebnissen gelangt. Der Austausch zu diesen Themen ermöglicht eine gemeinsame Haltung dazu, bereichert den Einzelnen durch weitere Perspektiven, bringt das Thema in Bezug zur Gruppe und der aktuellen Situation.

Dieser Austausch sensibilisiert alle Teilnehmer und hilft, die Wahrnehmung für die Themen im Alltag zu schärfen. Dieser Effekt wird sogar verstärkt, wenn die Impulse auf regelmäßiger Basis genutzt werden.

Es geht in den Impulsen nicht darum, eine Richtung vorzugeben, zu bestimmen, was richtig oder falsch ist. Richtig oder Falsch sind in Kulturfragen wahrscheinlich eher hinderliche Bewertungen. Passender ist die Frage: Was passt zu uns, zu unserem Produkt, zu unserer Organisation und Strategie, zu unserer Zeit und für die Zukunft? Und das wissen diejenigen am besten, die in dem System, in der jeweiligen Organisation zu Hause sind.

Die Impulse manipulieren nicht, sondern regen zur Selbstveränderung an. Jeder Impuls verfolgt etwas andere Ziele. Manche machen Situationen und Handlungsweisen bewusst. Andere werfen Licht auf Hindernisse,

Fehlfunktionen oder Herausforderungen. In vielen Impulsen werden Ziele und Visionen für die Unternehmenskultur in einem kleinen Themenbereich erarbeitet. Und immer wieder geht es darum, neue Perspektiven und Handlungsmöglichkeiten zu identifizieren oder auch Ideen für andere Verhaltensweisen aufzuzeigen. Das alles wird aber nicht vorgegeben, vielmehr entsteht dies im Austausch der Gruppe, die gemeinsam an ihrer Zielausrichtung arbeitet.

Genauso, wie Organisationskultur den Einzelnen beeinflusst, aber auch der Einzelne die Kultur seiner Organisation beeinflusst, haben auch die Impulse zwei Wirkrichtungen: Einerseits geht es darum, im Team etwas zu reflektieren und anzustoßen – andererseits geht es darum, dass der Einzelne für sich ins Nachdenken kommt und etwas für sich persönlich mitnimmt.

Wann und in welchem Rahmen setze ich die Impulse ein?

Kultur hat keine Dringlichkeit im Alltag. Operative und personelle Entscheidungen sind dringend. Es gibt Deadlines und Entscheidungsdruck. Das hat Vorrang, und „schwups" ist der Tag um. Wir reden und arbeiten den ganzen Tag zusammen – und doch reden wir so selten darüber, wie wir eigentlich zusammenarbeiten und wie wir miteinander reden wollen. In was für einer Kultur wir gemeinsam Zeit verbringen und arbeiten. Deshalb braucht Kulturarbeit und auch die Arbeit mit diesen Impulsen einen festgelegten und geschützten Rahmen.

Dieser Rahmen kann ein Meeting sein, eine Besprechung, ein Jour fixe, eine Leitungsrunde, ein Stand-up oder Ähnliches. Um eine Reflexionskultur aufzubauen und die optimale Wirkung zu erzielen, empfiehlt es sich, die Impulse regelmäßig in den Alltag zu integrieren, z.B. alle 14 Tage. Legen Sie dafür einen Testzeitraum von z.B. sechs Monaten fest, in denen Sie wirklich regelmäßig mit den Impulsen arbeiten. Manche Teams werden etwas Zeit brauchen, um sich mit der Arbeitsweise anzufreunden. Ziehen Sie erst danach Bilanz. Die Regelmäßigkeit macht den Unterschied. Wenn Sie nur ab und zu mal einen Impuls nutzen, schaffen Sie es nicht, die Kulturthemen in den Alltag zu bringen. Damit die Durchführbarkeit leichter fällt, sind die Impulse extra kurz, provokativ oder lustig gestaltet.

Die ideale Gruppengröße liegt bei vier bis zwölf Teilnehmenden. Pro Impuls brauchen Sie 10-20 Minuten, je nach Gruppengröße auch etwas länger oder kürzer. Diese Zeitvorgabe ist gewollt straff. Sie sollten ein Thema nicht bis ins letzte Detail ausarbeiten, sondern nur so anstoßen, dass es möglichst auch außerhalb des Meetings nachwirken kann. Die Ideen dahinter können auch in größeren Runden oder Workshops genutzt und zeitlich angepasst werden.

Wie arbeite ich mit den Impulsen?

Um einen Impuls zu setzen, braucht es eine Moderatorin oder einen Moderator. Eine Person, die die Gruppe durch die Fragestellungen führt, auf die Zeit achtet und ggf. visualisiert. Am besten ist es natürlich, wenn eine außenstehende Person die Impulse moderiert, denn dann kann die gesamte Gruppe inhaltlich arbeiten. Falls das nicht möglich ist, kann auch jemand aus dem bestehenden Team die Moderatorenrolle übernehmen. Es sollte allerdings möglichst nicht die/der Vorgesetzte des Teams die Person sein, die die Moderation übernimmt. Kümmert sich jemand aus der Gruppe um die Moderation, sollte diese Person nicht inhaltlich mitarbeiten, sondern sich ganz auf die Moderation konzentrieren. Es empfiehlt sich, die Moderationsrolle nicht von Mal zu Mal zu wechseln, sondern drei, vier Mal nacheinander einen Impuls zu moderieren, bevor man die Rolle des Moderators an ein anderes Teammitglied weitergibt.

Jeder Impuls besteht aus zwei Buchseiten, die wie auf einer Karte dargestellt sind. Auf der Vorderseite (gekennzeichnet mit einem Fragezeichen) finden Sie den Impuls, den Sie der Gruppe zeigen. Wenn nicht alle aus der Gruppe auf die Buchseite schauen können, fertigen Sie Kopien an, die Sie austeilen können. Die Download-Ressourcen dieses Buchs helfen Ihnen dabei, den Download-Link finden Sie auf der letzten Seite des Buchs. Auf der Rückseite des Impulses (gekennzeichnet mit einem Ausrufungszeichen) finden Sie eine kurze Anleitung, wie der jeweilige Impuls moderiert werden kann. Lesen Sie sich die Anleitung durch, bevor Sie den Impuls in die Gruppe bringen.

Manche Impulse erfordern ein wenig Vorbereitung. Es ist nichts Großes, aber es können z.B. ein Flipchart, Moderationskarten, Klebepunkte oder Stifte gebraucht werden, die dann bereitliegen sollten. Manchmal wird im Vorfeld auch eine Skala, eine Überschrift oder etwas anderes auf dem Flipchart vorbereitet. Die Vorbereitung ist deshalb relevant, weil sonst die vorgegebene Zeit überschritten wird.

Zu fast jedem Impuls finden Sie zwei Moderationsanleitungen. Eine kürzere und eine längere. Wählen Sie im Vorfeld aus, welche Version Sie nutzen wollen, je nachdem, wie Sie Zeit haben, welche Methode Sie für die passendere halten oder wie relevant das Thema für die Gruppe ist.

In der Moderationsanleitung finden Sie zu jedem Schritt eine Zeitvorgabe. Diese Zeitvorgabe ist für eine Gruppe mit vier bis zwölf Teilnehmern gedacht. Das heißt: Bei vier Teilnehmern kommt das hin, bei zwölf Teilnehmern muss schon sehr straff gearbeitet werden. Dafür ist es wichtig, dass einzelne Redebeiträge nicht ausufern. Machen Sie dafür bitte bei jedem Impuls klar, dass ein Redebeitrag maximal eine Minute dauert und fordern Sie das auch ein. Versuchen Sie, die Zeiten einzuhalten, nutzen Sie dafür einen Timer. Am besten ist natürlich ein sichtbarer Timer aber es geht auch mit einem Timer vom Smartphone.

Viele Themen sind bewusst kontrovers. Wenn Sie die Gruppe länger als vorgegeben diskutieren lassen, jeder Einzelne seine Perspektive in aller Deutlichkeit darlegt, dann wird das vorgegebene Zeitfenster gesprengt. Das können Sie natürlich zulassen, aber das Ziel ist es, zunächst Gedanken anzustoßen, damit sie sich später entfalten können. Es kann gut sein, dass noch Klärungsbedarf nach den wenigen Minuten mit dem Thema besteht. Das ist so gewollt. Das ausgesprochene Ziel ist es ja, die Themen in den Alltag zu bringen, und wenn in den zehn bis zwanzig Minuten nicht alles geklärt werden kann, dann können Sie dafür sorgen, dass das außerhalb dieses Rahmens angesprochen wird, womit das Ziel erreicht ist. Dann wirkt die Arbeit mit den Impulsen wirklich bis in den Alltag.

Dokumentation ist bewusst nicht vorgesehen. Wenn etwas visualisiert wird, dann zu dem Zweck, die Gedanken zu sammeln, um darauf aufzubauen und im nächsten Arbeitsschritt damit weiterzuarbeiten. Oder um die gesammelten Gedanken leichter in den Köpfen zu verankern. Der Mensch ist ein Augentier und Geschriebenes geht leichter in den Kopf und bleibt dort auch länger. Damit klingt der Impuls länger nach und kann mehr Wirkung entfalten.

Sie können die Impulse an die Bedürfnisse der Gruppe anpassen. Wenn Sie in der Vorbereitung merken, dass eine veränderte Fragestellung für die Gruppe in der aktuellen Situation interessanter sein könnte, passen Sie die Fragen entsprechend an. Das Gleiche gilt für die verfügbare Zeit, die ja in allen Impulsen sehr limitiert ist. Wenn Sie das Gefühl haben, es braucht noch ein bisschen, bis sich der Impuls wirklich entfalten kann, dann sollten Sie spontan mehr Zeit dafür einräumen.

Welche Kulturfelder kann ich behandeln?

Die Impulse dieser Sammlung sind in elf Kulturfelder unterteilt. Die Teilung ist nicht trennscharf. Ich vergleiche Kultur gerne mit einem Netz. Jedes Kulturthema ist ein Knoten. Hebt man einen Knoten hoch, zieht man automatisch auch andere Teile des Netzes mit in die Höhe. Arbeitet man z.B. am Thema Konflikt, dann kommen auch Selbstverantwortung, Fehler, Lob, Anerkennung, Wertschätzung und, je nach Konfliktsituation, auch Führung und Sinn mit in Bewegung.

Das hier sind die Kulturfelder:

- Fehler
- Führung/Macht
- Lernen/Entwicklung
- Lob/Anerkennung/Wertschätzung
- (Selbst-)Verantwortung
- Innovation/Mut/Kreativität
- Vertrauen/Respekt
- Sinn
- Kontakt
- Konflikt
- Entscheidung

Wie Sie sehen, sind Kulturfelder, die thematisch sehr nah beieinanderliegen, als eines deklariert. „Lob“ ist zum Beispiel mit „Anerkennung“ und „Wertschätzung“ zu einem Feld zusammengefasst. Ebenso wie „Mut“ mit „Innovation“ und „Kreativität“, „Führung“ mit „Macht“, „Lernen“ mit „Entwicklung“.

Für jeden einzelnen Impuls finden Sie eine Kennzeichnung, welche Kulturfelder er berührt. Das in meinen Augen wesentliche Kulturfeld ist gefettet dargestellt. Am Ende des Buches finden Sie für eine gezielte Impulsauswahl eine Tabelle, die die betroffenen Kulturfelder sämtlicher Impulse auflistet. Wenn Sie z.B. am Thema „Fehler“ arbeiten, können Sie, je nach gewünschter Ausrichtung, „Fehler“ im Zusammenhang mit „Konflikt“ bearbeiten oder im Kontext von „Innovation/Mut“. In den Download-Ressourcen finden Sie darüber hinaus eine Excel-Tabelle, mit der Sie Ihren persönlichen Zugriff individualisieren können, falls Sie eine andere Ordnung vorziehen.

Mit welchem Thema fange ich an und wo mache ich weiter?

Wenn es gerade ein aktuelles Kulturthema bei Ihnen gibt, Sie in einem Kulturveränderungsprozess stecken oder ein Kulturthema als Jahresprojekt haben, beginnen Sie einfach gleich mit dem naheliegendsten Kulturfeld. Suchen Sie sich einen passenden Impuls dazu aus und beginnen Sie einfach damit. Die Impulse sind ideal, um ein Thema nach einem Workshop nachzuhalten und es in den Alltag hinein zu verlängern.

Falls Sie nicht wissen, wo Sie anfangen wollen, gibt es dafür einen Analyse-Impuls, mit dem Sie herausarbeiten können, welches Thema die Gruppe für relevant hält. Dieser Impuls heißt „Kulturanalyse“ und ist der letzte Impuls des Buchs. In der Anwendung dieses Analyse-Impulses sortieren die Teilnehmer die Kulturfelder in eine Reihenfolge, die für sie am sinnvollsten bzw. am dringlichsten ist. Wenn Sie diesen Impuls bearbeiten, dokumentieren Sie das Ergebnis, damit Sie immer wieder darauf zurückgreifen und die entsprechenden weiteren Impulse aussuchen und vorbereiten können. Den Analyse-Impuls können Sie auch nutzen, wenn Sie schon mit einem Thema begonnen haben und nun entscheiden wollen, wo es für die Gruppe am sinnvollsten weitergehen kann.

Wenn Sie sich entschieden haben, mit welchem Thema Sie beginnen, dann stellt sich die Frage, mit welchem Impuls Sie am besten weitermachen. Ich empfehle Ihnen, immer mindestens drei Impulse zu einem Themenbereich nacheinander anzuwenden, damit ein Thema entsprechend wirksam werden kann. Achten Sie bitte darauf, dass sie sich in den Anwendungsmethoden unterscheiden. Nicht jeder Impuls verlangt eine neue Moderationsmethode. Nutzen Sie die Vielfalt der Methoden, um die Gedanken in unterschiedliche Richtungen zu lenken.

Und los!

Um Neues in die Welt zu bringen, reicht es nicht, Bücher zu lesen, Videos zu schauen und Analysen zu machen. Das ist wie beim Jonglieren. Es geht nur voran, wenn man es auch macht. Ja, es geht auch mal etwas schief, aber wenn man gar nicht erst anfängt, wird sich garantiert nichts weiterentwickeln, zumindest nicht in eine gewünschte Richtung. Veränderung passiert sowieso. Besser, wir gestalten unsere Zukunft selbst, statt sie von irgendwem gestalten zu lassen.

Viel Spaß!

Gender Balance: Um den Text möglichst knapp zu halten und die Inhalte schnell erfassbar zu gestalten, wurde sehr häufig die männliche Ansprache genutzt. Selbstverständlich sind gleichermaßen Moderatoren, Teammitglieder und Teilnehmende jeden Geschlechts angesprochen.

101 Impulskarten zur Entwicklung der Organisationskultur

Inhalte

Fehler ansprechen

Sohn zeigt seinem Vater das Zeugnis. Vater beschimpft ihn und sagt: „Schämst du dich nicht?“ – Sohn antwortet: „Nein, warum? Dieses Zeugnis habe ich auf dem Dachboden gefunden. Es ist von dir!“

Reaktionen auf Fehler fallen oft wieder auf einen selbst zurück. Das heißt, mit Ihrer Reaktion auf Fehler anderer ebnen Sie den Weg dafür, wie andere wiederum auf Ihre Fehler reagieren.

- ***Wenn mir ein Fehler passiert ist, welche unpassenden oder unverhältnismäßigen Reaktionen darauf habe ich erlebt?***
- ***Wie will ich angesprochen werden, wenn mir selbst ein Fehler passiert?***

Anwendung: Offene Runde

20-Minuten-Version

Geben Sie die erste Frage in die Runde. Lassen Sie zwei, drei Beispiele erzählen.

Geben Sie die zweite Frage in die Runde und notieren Sie Antworten auf dem Flipchart.

Schauen Sie gemeinsam auf das Flipchart und unterstreichen Sie:

- Was ist am häufigsten genannt worden?
- Was ist am wichtigsten?

15-Minuten-Version

Geben Sie die erste Frage in die Runde. Lassen Sie zwei, drei Beispiele erzählen.

Geben Sie die zweite Frage in die Runde und holen Sie zwei, drei Meinungen ein.

Welche Kultur hat der Fehler?

Sie haben bereits heute eine bestimmte Art und Weise, mit Fehlern umzugehen.

- ***Auf einer Skala von 1 bis 10: Wo stehen wir mit unserer Fehlerkultur heute?***
  1 = Eine wirklich üble Fehlerkultur
  10 = Unsere Idealvorstellung vom Umgang mit Fehlern

- ***Was müssen wir tun, um unseren Ist-Zustand auf der Skala um 1 zu verbessern?***

Anwendung: Skalierung

20-Minuten-Version

2 Minuten – Teilen Sie Moderationskarten aus. Jeder der Teilnehmer soll seine Antwort auf Frage 1 auf der Karte notieren. 1 = „Eine wirklich üble Fehlerkultur“; 10 = „Unsere Idealvorstellung vom Umgang mit Fehlern“

2 Minuten – Alle Teilnehmer zeigen ihre Antwort.

11 Minuten – Errechnen Sie den Schnitt und diskutieren Sie Frage 2 in offener Runde.

5 Minuten – Sammeln Sie zwei bis drei Statements zu folgender Frage: Was müsste passieren, damit Sie eine glatte 10 leben?

15-Minuten-Version

2 Minuten – Teilen Sie Moderationskarten aus. Jeder der Teilnehmer soll seine Antwort auf Frage 1 auf der Karte notieren. 1 = „Eine wirklich üble Fehlerkultur“; 10 = „Unsere Idealvorstellung vom Umgang mit Fehlern“

2 Minuten – Alle Teilnehmer zeigen ihre Antwort.

11 Minuten – Errechnen Sie den Schnitt und diskutieren Sie Frage 2 in offener Runde.

Pech und Pannen GbR

Fehler passieren überall. Nur dort, wo man sie rechtzeitig anspricht und daraus lernt, passieren weniger.

- ***Was für Ausrutscher sind mir passiert?***
- ***Wer oder was braucht Unterstützung oder Stabilisierung?***

Anwendung: Offene Runde

20-Minuten-Version

Bitten Sie jeden Teilnehmer, einen Fehler, Ausrutscher, Patzer, Schnitzer o.Ä. zu finden, der ihm in letzter Zeit passiert ist.

Nun soll jeder Teilnehmer einzeln nach vorne kommen und davon berichten. Die anderen Teilnehmer sind aufgefordert, sich positiv, wertschätzend, aufbauend und unterstützend zu äußern (warmer Regen).

10-Minuten-Version

Stellen Sie die zwei Fragen in die offene Runde und ermöglichen Sie das offene Gespräch darüber. Suchen Sie nicht nur nach Fehlern, sondern auch nach Patzern, Ausrutschern und Dingen, die nicht optimal liefen.

Ziel ist es, auch unangenehme Situationen (wie Fehler) offen und sachlich in der Runde besprechen zu können.

Zielorientiert offensiv oder eher defensiv?

„Ich gewinne lieber 6:5 als 1:0."

Offensiv und zielorientiert – vs. – defensiv und fehlervermeidend

- ***Wie schätze ich die Kultur in meiner Organisation diesbezüglich ein?***
- ***Vor welchen Herausforderungen stehen wir und welche Einstellung (eher 6:5 oder 1:0) brauchen wir dafür?***

Anwendung: Punkten + diskutieren

20-Minuten-Version

5 Minuten

Vorbereitung: Jeder Teilnehmende bekommt einen Klebepunkt. Bereiten Sie ein Flipchart vor. Notieren Sie die Frage „Wie schätzen wir die Kultur bei uns ein?“ und darunter eine Skala: „1:0 <--------------------> 6:5“
Lassen Sie die Teilnehmer die Antwort zu Frage 1 punkten.

15 Minuten

Stellen Sie Frage 2 in die Runde. Notieren Sie die genannten Herausforderungen auf dem Flipchart. Fügen Sie jeweils einen Pfeil hinzu. Welche Richtung muss für die jeweilige Herausforderung eingeschlagen werden? Richtung 1:0 oder Richtung 6:5?

15-Minuten-Version

5 Minuten

Erklären Sie die Längsseite des Raumes als eine Achse von 1:0 bis 6:5. Fordern Sie die Teilnehmer auf, sich auf der Achse entsprechend ihrer persönlichen Antwort zu Frage 1 aufzustellen.

10 Minuten

Nun gehen Sie an den stehenden Teilnehmern entlang. Jeder Teilnehmende soll erklären, warum er/sie genau diesen Platz gewählt hat und auch ein Statement dazu abgeben, welche Einstellung für zukünftige Herausforderungen er/sie für passend hält.

Die schlimmsten Fehler

„Die schlimmsten Fehler werden gemacht in der Absicht, einen begangenen Fehler wiedergutzumachen.“

– Jean Paul

- ***Was für ein Umfeld braucht es, damit ein Einzelner immer wieder ganz allein, heimlich und unkontrolliert versucht, einen Fehler so schnell wie möglich wiedergutzumachen?***
- ***Wie kann ich sicherstellen, dass dieses Umfeld nicht existiert?***

Anwendung: Kopfstand

20-Minuten-Version

Stellen Sie die erste Frage in die offene Runde und sammeln Sie die Antworten am Flipchart.

Stellen Sie die zweite Frage in die offene Runde und sammeln Sie die Antworten am Flipchart.

10-Minuten-Version

10 Minuten

Lassen Sie Frage 1 in Zweiergruppen besprechen.

Stellen Sie die zweite Frage in die offene Runde. Lassen Sie ein, zwei Statements dazu geben.

Die beste Methode, keine Fehler zu machen, ist, gar nichts zu tun

- ***Was ist uns wichtig? Fehlervermeidung oder Mut?***
- ***Einzelkämpfertum oder Teamgeist?***
- ***Sinn und Zweck unserer Arbeit oder Kennzahlen?***
- ***Was braucht es für eine gelingende Zukunft?***

Anwendung: Punkten

20-Minuten-Version

5 Minuten

Vorbereitung. Zeichnen Sie die drei Spannungsfelder untereinander auf das Flipchart:

- Fehlervermeidung <---> Mut
- Einzelkämpfer <---> Teamgeist
- Sinn & Zweck <---> Kennzahlen

Verteilen Sie an jeden Teilnehmer drei Klebepunkte. Jeder Teilnehmer schätzt nun den Ist-Zustand seines Arbeitsumfeldes ein und klebt den Punkt an die entsprechende Stelle auf der Skala.

Sammeln Sie Statements zur letzten Frage.

10-Minuten-Version

Jeweils zwei Teilnehmer besprechen gemeinsam die These: „Wer nichts macht, macht auch nichts falsch."

Schlechter Umgang mit einem Fehler

„Schlechter Umgang mit einem Fehler ist oft viel schlimmer als der Fehler selbst."

– Andreas Gebhardt

- ***Was glaube ich, wünscht sich das Umfeld von mir, wenn ich einen Fehler verursacht habe?***
- ***Wenn ich König dieser Organisation wäre, welche drei Regeln würde ich erlassen, um festzulegen, wie der Verursacher eines Fehlers damit umzugehen hat?***

Anwendung: Königsfrage

20-Minuten-Version

Fragen Sie in die Gruppe, wer König sein will. Derjenige soll nach vorne kommen und sich auf einen Stuhl setzen. Der König darf auf Fragen nur mit „Ja" oder „Nein" antworten.

Alle anderen Teilnehmer sind die Berater des Königs. Sie müssen durch Fragen herausfinden, was sich der König wünscht. Also wie die drei Regeln des Königs lauten, die festlegen, wie der Verursacher eines Fehlers damit umzugehen hat.

15-Minuten-Version

Bilden Sie Zweiergruppen, die die beiden Fragen gemeinsam beantworten.

Lassen Sie ein bis zwei Gruppen nach vorne kommen und die ausgearbeiteten königlichen Regeln dem Volk mitteilen.

Makel, Murks & Co.

Reden Sie über kleine Fehler, bevor sie zum Alltag gehören.

KARDINAL FEHLER & DIE AMTIERENDE MISS TAKE

- ***Haben wir schon institutionalisierte Fehler? An welche Fehler haben wir uns schon gewöhnt, obwohl es eigentlich besser sein könnte?***
- ***Mit welchen davon sollten wir uns beschäftigen?***

Anwendung: Offene Runde

15-Minuten-Version

Diskutieren Sie die Fragen in offener Runde.

Stellen Sie, wenn es passt, gerne provokative Fragen zur Ergänzung. Hier drei Beispiele, um das Gespräch anzukurbeln:

- „Es ist ein Fehler, diese Meetings in dieser großen Runde zu machen, daran sollten wir etwas ändern."
- „Meetings sollten nicht morgens, sondern 20 Min. vor Feierabend stattfinden, damit sie effektiver werden."
- „Es ist ein Fehler, dass wir hier sitzen und nicht stehen."

10-Minuten-Version

Fragen Sie in die offene Runde: „Welche Fehler tauchen häufig bei uns auf?"

Grobe Fehler

„Grobe Fehler werden oft, wie dicke Seile, aus einer Vielzahl dünner Fäden gemacht."

– Victor Hugo

- ***Was für Verhaltensweisen braucht es, damit aus einem kleinen Fehler ein möglichst großer wird?***
- ***Wie sollten wir uns verhalten, damit aus einem kleinen Fehler KEIN großer wird?***

Anwendung: Kopfstand

20-Minuten-Version

„Was können Sie tun, damit aus einem kleinen Fehler ein möglichst großer wird?“

Besprechen Sie Frage 1 in der Runde. Sammeln Sie Antworten auf dem Flipchart.

Lassen Sie Frage 2 reihum mit jeweils einem Satz beantworten.

10-Minuten-Version

Jeweils drei Teilnehmer besprechen Frage 1 in kleiner Runde.

Fehlerball spielen

Miteinander oder gegeneinander?

- ***Was für Reaktionsmöglichkeiten gibt es, wenn ich bemerke, dass meine Kollegen/Mitarbeiter Fehlerball spielen?***
- ***Was davon ist für unsere Organisation interessant?***

Anwendung: Perspektivwechsel

20-Minuten-Version

5 Minuten — Stellen Sie die folgenden Fragen in die offene Runde und sammeln Sie die Antworten. Diese dürfen sich ruhig widersprechen, da jeder unterschiedliche Bilder von den verschiedenen Perspektiven hat. Wie würde man in einer Familienkultur reagieren, wenn man sieht, dass Fehlerball gespielt wird? Beispielsweise der sizilianische Pate? Der Chef eines kleinen Familienbetriebes? Eines Restaurants?

5 Minuten — Wie würde man in einer reinen Ideenkultur darauf reagieren? Zum Beispiel bei der NASA? In einem Start-up? Bei Spotify?

5 Minuten — Wie in einer strengen Hierarchie: z.B. Militär?

5 Minuten — Sammeln Sie zwei bis drei Statements zu Frage 2: „Was davon ist für unsere Organisation interessant?"

10-Minuten-Version

5 Minuten — Jeweils zwei Teilnehmer besprechen die Fragen 1 und 2 gemeinsam.

5 Minuten — Sammeln Sie zwei bis drei Statements zu Frage 2: „Was davon ist für unsere Organisation interessant?"

Wer wirklich Autorität hat

„Wer wirklich Autorität hat, wird sich nicht scheuen, Fehler zuzugeben."

– Bertrand Russel

- ***Wann habe ich das letzte Mal einen Fehler zugegeben?***
- ***Was lebe ich meinen Kollegen/Teammitgliedern vor?***
- ***Wie reagiere ich darauf, wenn mir jemand von einem Fehler erzählt?***

Anwendung: Plus/Minus/Interessant

20-Minuten-Version

15 Minuten

Schreiben Sie das Zitat als Überschrift auf ein Flipchart. Darunter teilen Sie das Flipchart in zwei Spalten: + = „Zutreffend“ und – = „Nicht zutreffend“. Diskutieren Sie das Zitat von Bertrand Russel und tragen Sie die Ergebnisse in die Spalten ein.

5 Minuten

Beenden Sie die Diskussion und fragen Sie: „Was an dieser Liste ist für uns/für unsere Organisation interessant und warum?“ Das unterstreichen Sie dann in der Liste.

10-Minuten-Version

10 Minuten

Jeder Teilnehmer reflektiert die drei Fragen für sich.

Bauer zur Sau

Wie sprechen wir Fehler an?

- ***Wenn ich einen Fehler gemacht habe, wie sollte man mich am besten darauf ansprechen und wie auf gar keinen Fall?***
- ***Behandele ich andere genauso, wie ich selbst behandelt werden möchte?***
- ***Welche Rahmenbedingungen sind erforderlich, damit man Fehler gut ansprechen kann?***

Anwendung: Punkten

20-Minuten-Version

8 Minuten

Teilen Sie Moderationskarten aus. Jeder Teilnehmer beantwortet für sich stichpunktartig Frage 1 und notiert die Ergebnisse.

Bereiten Sie derweil auf dem Flipchart eine Tabelle mit zwei Spalten vor. Überschrift: „Rahmenbedingungen, um Fehler anzusprechen". Spalte 1: „Was macht es einfacher?" Spalte 2: „Was macht es schwieriger?"

12 Minuten

Machen Sie mehrere Runden, in denen jeder Teilnehmer reihum je zwei Stichworte nennt. Schreiben Sie die Ergebnisse in die Tabelle.

10-Minuten-Version

10 Minuten

Bereiten Sie auf dem Flipchart eine Tabelle mit zwei Spalten vor. Überschrift: „Rahmenbedingungen, um Fehler anzusprechen". Spalte 1: „Was macht es einfacher?" Spalte 2: „Was macht es schwieriger?"

Nun soll jeder Teilnehmer reihum jeweils zwei Stichworte nennen. Schreiben Sie die Ergebnisse in die Tabelle.

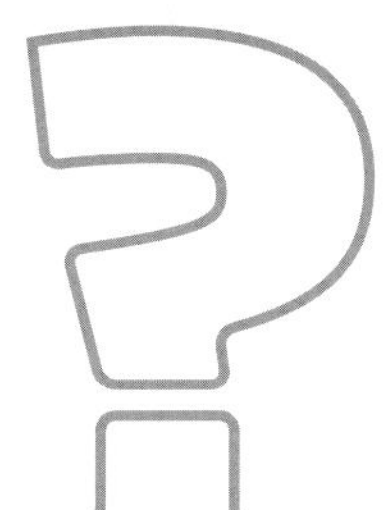

Flecken durch Löcher ersetzen

„Einen Fehler durch eine Lüge zu verdecken heißt, einen Flecken durch ein Loch zu ersetzen."

– Aristoteles

- ***Was ist schlimmer: verheimlichen und lügen oder Fehler offen ansprechen?***
- ***Was ist für unsere Organisation langfristig hilfreicher?***
- ***Welche Regeln braucht es, damit ein Fehler sofort offen angesprochen wird?***

Anwendung: Regelkatalog erstellen

20-Minuten-Version

6 Minuten Jeweils zwei Teilnehmer beantworten zusammen folgende Frage und halten das Ergebnis schriftlich für sich fest (Achtung Kopfstand): „Welche Regeln könnten Sie einführen, damit ein Fehler verheimlicht wird, anstatt ihn zeitnah offen anzusprechen?“

5 Minuten Lassen Sie die Ergebnisse kurz vorlesen.

9 Minuten Nun sammeln Sie am Flipchart Antworten zu Frage 3: „Welche Regeln braucht es, damit ein Fehler sofort offen angesprochen wird?“

10-Minuten-Version

6 Minuten Jeweils zwei oder drei Teilnehmer beantworten zusammen Frage 3 und halten das Ergebnis schriftlich für sich fest.

Lassen Sie zwei oder drei Kleingruppen ihre Ergebnisse präsentieren.

Patzer, Schnitzer & Co.

Reden Sie über kleine Fehler, bevor sie zu ausgewachsenen Katastrophen werden.

- ***Was für kleine Fehler fallen mir auf?***
- ***Welche sollte man ansprechen, bevor sie zur ausgewachsenen Katastrophe werden?***

Anwendung: Schwarzmaler

20-Minuten-Version

3 Minuten

Benennen Sie eine Person zum Schwarzmaler. Egal, von welchem Fehler gleich in der Aufgabe berichtet wird: Die Aufgabe des Schwarzmalers ist es, aus jeder Mücke einen Elefanten zu machen. Für jeden Fehler ein Worst-Case-Szenario auszumalen. Also bei jedem kleinen Fehler aufzuzeigen, was sich daraus für eine Katastrophe entwickeln kann.

17 Minuten

Frage in die Runde: „Welche Patzer und Schnitzer und kleine Fehler sind Ihnen in letzter Zeit aufgefallen?“ Lassen Sie nach jedem genannten Fehler den Schwarzmaler zu Wort kommen.

10-Minuten-Version

10 Minuten

Seien Sie Schwarzmaler: „Welche Patzer und Schnitzer, die echtes Wachstumspotenzial haben, fallen mir auf?“

Fallbeispiel oder Fallbeil-Spiel?

Ob wir Köpfe rollen lassen oder den Fehler als Chance nutzen, etwas daraus zu lernen, das entscheiden wir mit unserer Reaktion.

- ***Welche Arten von Fehlern kenne ich?***
- ***Wann (bei welchen Fehlern) ist aus meiner Sicht welche Reaktion angebracht?***

Ein Fehler ist auch immer ein Fallbei~~l~~spiel

„O"

oder

Anwendung: Zuruf

20-Minuten-Version

Stellen Sie die Frage 1 in die Runde und notieren Sie die Antworten auf dem Flipchart.

Stellen Sie die Frage 2 in die Runde, nutzen Sie als Diskussionsgrundlage die Antworten auf dem Flipchart.

15-Minuten-Version

15 Minuten

„Was ist ein Fehler?" Versuchen Sie eine Definition und halten Sie die Ergebnisse auf dem Flipchart fest. Unterbrechen Sie die Diskussion zum Ende der Zeit.

Yeeah – gib alles! Aber bring bitte erst den Müll runter.

Wohlbefinden steigert die Produktivität. Selbstbestimmung steigert das Wohlbefinden. Also: Mehr Selbstbestimmung bedeutet höhere Leistung.

- ***Was müsste sich verändern, damit sich das Wohlbefinden steigert?***
- ***Wo können Verantwortung und Spielräume vergrößert werden?***
- ***Kenne ich die Wünsche oder Bedürfnisse der Kollegen und Mitarbeiter?***

Anwendung: Skalierung

20-Minuten-Version

2 Minuten — Bereiten Sie eine Achse „Wohlbefinden am Arbeitsplatz“ vor von 1 = „Unzumutbar“ bis 10 = „Pudelwohl“. Teilen Sie an jeden Teilnehmer einen Klebepunkt aus.

2 Minuten — Jeder Teilnehmer schreibt eine Zahl zwischen 1 und 10 auf seinen Klebepunkt, wie wohl er sich hier fühlt. Dann gehen alle nach vorne und kleben ihre Punkte an die Achse.

16 Minuten — Offene Diskussion: Was müsste sich verändern, damit der persönliche Punkt etwas weiter nach rechts gerückt werden könnte? Notieren Sie Stichworte mit auf das Flipchart.

10-Minuten-Version

1 Minuten — Bereiten Sie eine Achse „Wohlbefinden am Arbeitsplatz“ vor von 1 = „Unzumutbar“ bis 10 = „Pudelwohl“. Teilen Sie an jeden Teilnehmer einen Klebepunkt aus.

2 Minuten — Jeder Teilnehmer schreibt eine Zahl zwischen 1 und 10 auf seinen Klebepunkt, wie wohl er sich hier fühlt. Dann gehen alle nach vorne und kleben ihre Punkte an die Achse.

7 Minuten — Sammeln Sie Statements: Was müsste sich verändern, damit der persönliche Punkt etwas weiter nach rechts gerückt werden könnte?

Potenziale fördern

- ***Wie können wir unterstützen?***
- ***Wie kann ich auf gescheiterte Versuche und Fehler reagieren, damit der-/diejenige es mit neuer Kraft auf jeden Fall nochmal versucht?***

Anwendung: Kopfstand

20-Minuten-Version

12 Minuten

Teilen Sie die Teilnehmer in Dreiergruppen auf. Teilen Sie der einen Hälfte der Gruppen die Aufgabe A zu, der anderen die Aufgabe B. Nun bearbeitet jede Gruppe eine der folgenden Fragen:
A: „Wie können Sie auf gescheiterte erste Versuche und Fehler reagieren, damit die betroffene Person nie mehr im Leben auf die Idee kommt, es noch mal zu versuchen? Nennen Sie drei, vier Standardsätze, die Sie dieser Person an den Kopf werfen können."
B: „Wie können Sie auf gescheiterte erste Versuche und Fehler reagieren, damit die betroffene Person es mit neuer Kraft auf jeden Fall noch mal versucht? Nennen Sie drei, vier Standardsätze, mit denen Sie die Person wieder aufbauen und ermutigen können."

8 Minuten

Bereiten Sie währenddessen eine Tabelle mit zwei Spalten auf dem Flipchart vor. Überschrift: „Förderndes und demotivierendes Verhalten". Lassen Sie die Ergebnisse präsentieren. Notieren Sie hierbei die Antworten in der Tabelle.

10-Minuten-Version

10 Minuten

Bearbeiten Sie folgende Fragen in offener Runde: „Wie können Sie auf gescheiterte erste Versuche und Fehler reagieren, damit die betroffene Person es mit neuer Kraft auf jeden Fall noch mal versucht? Was können Sie tun, um die Person wieder aufzubauen und zu ermutigen?"

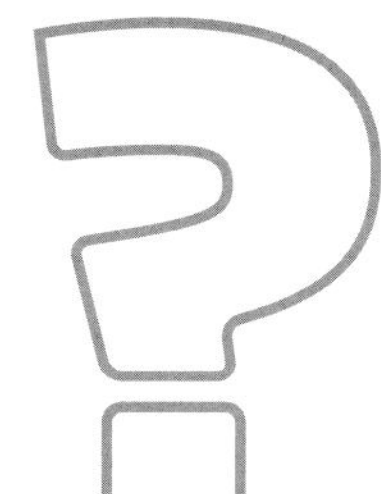

Führung wahrnehmen

Der neue Pförtner empfängt morgens den Chef: „Guten Morgen Herr Nickermann“, worauf dieser erklärt: „Ich heiße Neckermann, merken Sie sich das!“
Am nächsten Tag: „Guten Morgen Herr Nickermann.“ – „Ich habe Ihnen gestern schon gesagt, dass ich Neckermann heiße. Wenn Sie bis morgen nicht meinen Namen kennen, fliegen Sie raus!“
Nächster Tag: „Guten Morgen Herr Nickermann.“ Also wird der Mann entlassen.
Zu Hause fragt die Frau, wie es war. „Scheiße! Dasselbe wie damals bei Qualle.“

- ***Akzeptieren wir Fehler, die nicht sein dürfen?***
- ***Sind wir bereit, auch disziplinarische Maßnahmen zu ergreifen?***
- ***Machen wir uns mitverantwortlich für schlechte Leistung, wenn wir nichts unternehmen?***

Anwendung: Punkten

20-Minuten-Version

10 Minuten

Vorbereitung: Zeichnen Sie für jede der drei Fragen eine Skala von 0 bis 10 auf das Flipchart. 0 = „Ja“, 10 = „Nein“. Verteilen Sie an jeden Teilnehmer drei Klebepunkte.
Jeder Teilnehmer soll die drei Fragen mit einer Zahl zwischen 0 und 10 beantworten. Die jeweilige Antwort notiert er auf jeweils einem Klebepunkt. Dann stehen auf Ihr Zeichen hin alle auf und kleben den Punkt an die entsprechende Stelle der Skala.

Gehen Sie in die offene Diskussion: „Was ist überraschend? Wo wünschten Sie sich ein anderes Ergebnis?“

15-Minuten-Version

Vorbereitung: Zeichnen Sie für jede der drei Fragen eine Skala von 0 bis 10 auf das Flipchart. 0 = „Ja“, 10 = „Nein“. Verteilen Sie an jeden Teilnehmer drei Klebepunkte.
Jeder TN soll die drei Fragen mit einer Zahl zwischen 0 und 10 beantworten. Die jeweilige Antwort notiert er auf jeweils einem Klebepunkt. Dann stehen auf Ihr Zeichen hin alle auf und kleben den Punkt an die entsprechende Stelle der Skala.

Sammeln sie zwei bis drei Statements: „Was ist überraschend? Wo wünschten Sie sich ein anderes Ergebnis?“

Erwartungen

- ***Kennen meine Mitarbeiter/Kollegen meine Prioritäten, damit sie auch in zielführendem Sinne arbeiten und entscheiden können?***
- ***Wissen meine Mitarbeiter/Kollegen, was ich erwarte? Zum Beispiel Loyalität, Pünktlichkeit, Zielerreichung, Kundenzufriedenheit, ...***
- ***Lebe ich das selbst vor?***

Anwendung: Priorisierung

20-Minuten-Version

5 Minuten — Jeder Teilnehmer notiert seine persönlichen Werte/Erwartungen als Liste (mindestens 5 Punkte), z.B. Pünktlichkeit, Ehrlichkeit, Direktheit, Höflichkeit, Toleranz, Uneigennützigkeit, Selbstbestimmung, …

5 Minuten — Nun bitten Sie die Teilnehmer, die genannten Erwartungen zu priorisieren, also in eine klare Reihenfolge zu bringen.

10 Minuten — Jeder Teilnehmer soll sich mit seinem Sitznachbarn vor dem Hintergrund der dritten Frage über seine Liste austauschen.

10-Minuten-Version

5 Minuten — Jeder Teilnehmer notiert seine persönlichen Werte/Erwartungen als Liste (mindestens 5 Punkte), z.B. Pünktlichkeit, Ehrlichkeit, Direktheit, Höflichkeit, Toleranz, Uneigennützigkeit, Selbstbestimmung, …

5 Minuten — Nun bitten Sie die Teilnehmer, die genannten Erwartungen zu priorisieren, also in eine klare Reihenfolge zu bringen.

Servant Leadership

Wer erbringt die Leistung, die verkauft wird? Wenn die Leistungserbringung die zentrale Aufgabe eines Unternehmens ist, dann ist Führung doch eine Dienstleistung für die, die diese Leistung erbringen. Das heißt, die Führungskraft richtet ihr Handeln an den Bedürfnissen der Mitarbeiter aus, unterstützt sie und ermächtigt sie, damit sie ihre Aufgabe so gut wie möglich erfüllen und sich dabei auch selbst entfalten können.

- ***Wie verändert sich das Führungsverständnis, wenn Führung als Dienstleistung gesehen wird?***
- ***Was heißt dann top-down?***

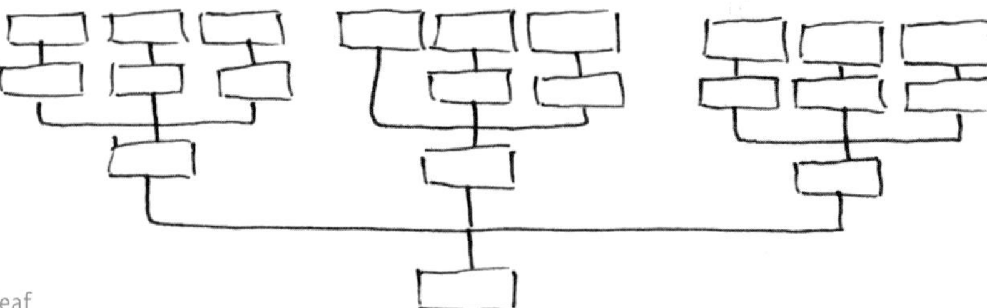

Servant Leadership ist eine Führungsphilosophie von Robert Greenleaf

Anwendung: Kontoverse

20-Minuten-Version

Teilen Sie die Gruppe in zwei etwa gleich große Gruppen.

- Gruppe 1 vertritt den Servant-Leadership-Ansatz, die Ansicht, dass Führung auf die Interessen der Geführten ausgerichtet sein muss.
- Gruppe 2 vertritt die beherrschende Führungsrolle, die Ansicht, ohne klare strikte Führung geht gar nichts. Führung verlangt Gehorsam.

Die beiden Gruppen diskutieren sachlich über die unterschiedlichen Standpunkte. Gruppe 2 beginnt.

15-Minuten-Version

Reihum nennt jeder Teilnehmer einen Grund, der gegen die Idee des dienenden Führens spricht.

Dann nennt reihum jeder Teilnehmer einen Grund, der für die Idee des dienenden Führens spricht.

Entmutigende Führung

- ***Welche Verhaltensweisen wirken – oft ungewollt – entmutigend?***
- ***Mit was für Verhaltensweisen lässt sich aus der Spirale ausbrechen?***

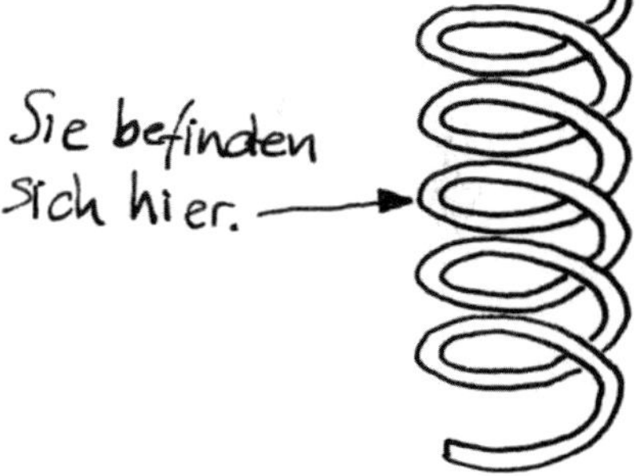

Quelle: Winfried Berner (2015): Ermutigende Führung. Schäffer Poeschel.

Anwendung: Sammeln

20-Minuten-Version

10 Minuten Die Teilnehmer besprechen in Kleingruppen die beiden Fragen und notieren die Antworten auf Moderationskarten.

10 Minuten Dann sammeln sie die Ergebnisse in Form einer Tabelle „Entmutigende Führung"/„Ermutigende Führung" an einem Flipchart oder einer Pinnwand.

10-Minuten-Version

Sammeln Sie die Ergebnisse zu den Fragen in Form einer Tabelle „Entmutigende Führung"/„Ermutigende Führung" an einem Flipchart.

Menschen und Aale

Erlebt man, wie andere Menschen mit Fehlern umgehen, so weiß man, mit was für einem Menschen man es wirklich zu tun hat. Fühlen wir uns nicht viel wohler, wenn wir von Menschen umgeben sind, anstatt von glatten schmierigen Aalen, bei denen man gar nicht weiß, woran man ist?

- ***Loben Sie den Mut, Fehler und schwierige Sachverhalte anzusprechen?***
- ***Gehen Sie als Führungskraft voraus und gestehen auch eigene Fehler/eigenes Fehlverhalten ein?***
- ***Bzw. wie geht Ihre Führungskraft damit um?***

Anwendung: Erfahrungsaustausch

15-Minuten-Version

15 Minuten

Jeweils zwei oder maximal drei Teilnehmer tauschen sich zu den Fragen gegenseitig aus: „Wann haben Sie das letzte Mal jemanden gelobt, weil diese Person den Mut hatte, Fehler und schwierige Sachverhalte anzusprechen? Wann haben Sie das letzte Mal einen eigenen Fehler/ein eigenes Fehlverhalten zugegeben?“

10-Minuten-Version

Jeweils zwei oder maximal drei Teilnehmer besprechen gemeinsam die These, dass Perfektion unnahbar und unsympathisch macht, während ein offener Umgang mit Schwächen, Fehlern und Unwissen durchaus Sympathie erzeugen kann.

Schreiben Sie es auf – und dann … werfen Sie es in den Mülleimer

Ein Mitarbeiter hat ein Thema, das eigentlich in den Verantwortungsbereich des Vorgesetzten gehört. Als er diesen darauf aufmerksam macht, kümmert es den allerdings gar nicht: „Ja, ja, das wird schon passen, ich habe jetzt leider gar keine Zeit für Sie. Das ist wirklich nicht mein Problem." – Für manche Mitarbeiter ist es eine Hemmschwelle, den Chef um Rat oder Unterstützung zu bitten oder ihn sogar darauf hinzuweisen, dass er einen Fehler macht. Dies geschieht meist erst, nachdem die unmittelbaren Kollegen des Mitarbeiters auch nicht weiterhelfen konnten. Aber die Organisation lernt immer.

- ***Was lernt die Organisation, also der Mitarbeiter und seine Kollegen, wenn der Vorgesetzte nicht auf das Anliegen des Mitarbeiters reagiert?***
- ***Wie wird er sich beim nächsten Problem verhalten, bei dem ihm die Kollegen nicht weiterhelfen können?***
- ***In welchen Situationen suche ich selbst Rückendeckung oder Unterstützung von meinen Vorgesetzten?***

Anwendung: Sammeln

20-Minuten-Version

Die Teilnehmer besprechen in Dreiergruppen die Fragen.

Dann gibt jede Kleingruppe ihre Antworten zu den beiden ersten Fragen in die offenen Runde.

10-Minuten-Version

Sammeln Sie die Antworten zur Frage 1 auf einem Flipchart. „Was lernt die Organisation, wenn auf Anliegen der Mitarbeiter nicht reagiert wird?“

Competence & Confidence

Haben Sie jemals mit jemandem gearbeitet, der nicht so gut war, wie er selbst dachte? Und? War das ein Mann? – Statistisch gesehen, driften bei Männern „Competence & Confidence“ weiter auseinander als bei Frauen. Es fällt uns schwer, zwischen Kompetenz und Selbstvertrauen zu unterscheiden. Zudem lieben wir selbstsichere, charismatische (Führungs-)Persönlichkeiten.

- ***Selbstzweifel und auch übersteigertes Selbstvertrauen haben starke Auswirkungen auf die wahrgenommene Kompetenzvermutung. Kompetenzvermutung ist aber etwas anderes als Kompetenz. Wie können wir dem entgegenwirken?***
- ***Wie kann ich sicherstellen, dass ich meine Qualitätsansprüche genderneutral einhalte/einfordere?***

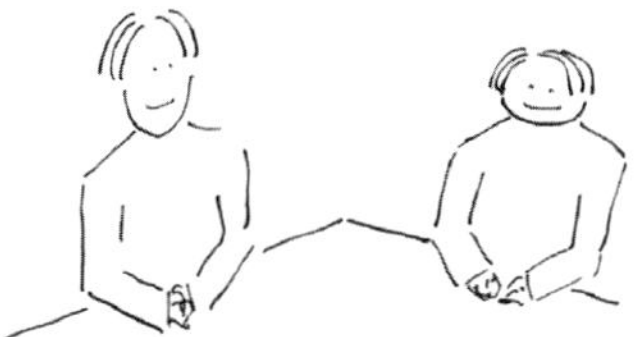

Quelle: Diverse Arbeiten von Tomas Chamorro-Premuzic.

Anwendung: Kleingruppe

20-Minuten-Version

2 Minuten: Bilden Sie Dreiergruppen, wenn möglich geschlechtergetrennt. Stellen Sie den Gruppen Moderationskarten zur Verfügung.

10 Minuten: Die Gruppen diskutieren die im Impuls beschriebene These „Competence & Confidence". Und notieren ihre Ergebnisse auf den Karten.

8 Minuten: Nun soll jede Gruppe ihre Ergebnisse anpinnen und ggf. kurz erklären.

15-Minuten-Version

10 Minuten: Lassen Sie die beiden Fragen möglichst in geschlechterübergreifenden Dreiergruppen besprechen und diskutieren.

5 Minuten: Jede Dreiergruppe soll kurz ihre Diskussionspunkte/Differenzen zu den Fragen mitteilen.

Kollege oder Mitarbeiter?

Sprache zeigt, wie wir über die Welt denken und wie wir uns dann auch (folgerichtig) verhalten.

- ***Welches Vokabular unterstützt die Abgrenzung der Hierarchien?***
- ***Welche Worte davon passen eigentlich nicht mehr so recht zu meinem Weltbild?***

Anwendung: Sammeln

20-Minuten-Version

10 Minuten — Sammeln Sie die Antworten zu Frage 1 auf einem Flipchart.

10 Minuten — Jeder Teilnehmer soll ein Statement zu Frage 2 abgeben.

15-Minuten-Version

10 Minuten — Sammeln Sie die Antworten zu Frage 1 auf einem Flipchart.

5 Minuten — Holen Sie Statements zu Frage 2 in offener Runde.

Kaffee – aber expresso bitte!

Will der stressige Chef etwas, muss es unbedingt sofort erledigt werden. Dafür sollen die Mitarbeiter alle ihre Aufgaben unmittelbar stehen und liegen lassen.

Mit dem Chef kann man nicht darüber reden, weil alles, was der macht, ja so wahnsinnig wichtig ist.

- ***Was lernen die Mitarbeiter, wenn der Vorgesetzte sich so verhält?***
- ***Welche Auswirkungen hat das auf die Zusammenarbeit?
Die Arbeitsqualität? Die Arbeitsatmosphäre? Die Gesundheit?***
- ***Wie könnte sich der Mitarbeiter in so einer Situation verhalten?***

Anwendung: Perspektivwechsel

20-Minuten-Version

Murmelgruppe: Jeder bespricht die Fragen 1 und 2 mit seinem Sitznachbarn.

Bereiten Sie derweil Moderationskarten vor. Auf jeder Karte steht eine der folgenden Personen (Sie können gerne auch weitere Personas erfinden): 1. Der Chef selbst 2. Das freche aufmüpfige Schulkind 3. Der ängstliche unsichere Mitarbeiter 4. Die Chefin vom Chef 5. Der Dalai Lama 6. Die Frau/der Mann vom Chef.

Geben Sie jeder Zweiergruppe eine Karte. Jede Murmelgruppe überlegt, wie die Person auf der Karte in so einer Situation (Frage 3) reagieren würde.

Jede Gruppe teilt ihr Ergebnis mit.

15-Minuten-Version

Besprechen Sie Frage 1 in offener Runde.

Wenden Sie sich nun Frage 3 zu.

Sunk Costs

„Wenn wir jetzt damit aufhören, war alles umsonst.“ – „Wir haben so viel investiert, wenn wir jetzt stoppen, war das alles zum Fenster rausgeworfen.“ – Deshalb machen wir lieber weiter und werfen noch mehr Zeit und Geld hinterher.

Machen wir etwas nur noch, weil wir Angst haben, zu verlieren? Aufgeben zu müssen? Eine Fehlentscheidung eingestehen zu müssen? Oder machen wir es, weil tatsächlich eine realistische Chance auf Erfolg besteht?

- ***Wie viele Projekte habe ich am Laufen, welche dümpeln vor sich hin?***
- ***Gibt es gleiche Projekte in verschiedenen Abteilungen?***
- ***Welche Ansätze/Projekte sollten besser fallen gelassen werden?***

Anwendung: Inventur

20-Minuten-Version

10 Minuten — Sammeln Sie am Flipchart alle Projekte, die gerade am Laufen sind. ALLE.

5 Minuten — Notieren Sie zu jedem Projekt mit einer Zahl von 1 (unwichtig) bis 10 (extrem wichtig), wie wichtig es ist. (Nehmen Sie die erste Zahl, die zugerufen wird.)

5 Minuten — Fragen Sie in die Runde, ob man ein Projekt aufgeben könnte.

15-Minuten-Version

10 Minuten — Sammeln Sie am Flipchart alle Projekte, die gerade am Laufen sind. ALLE.

5 Minuten — Notieren Sie zu jedem Projekt mit einer Zahl von 1 (unwichtig) bis 10 (extrem wichtig), wie wichtig es ist. (Nehmen Sie die erste Zahl, die zugerufen wird.)

Keine Note ist falsch

„Keine Note, die du spielst, ist falsch – erst die Note, die du danach spielst, macht sie richtig oder falsch."

– Miles Davis

Es kommt immer darauf an, was wir daraus machen.

- ***Wie muss der Umgang mit Fehlern aussehen, damit es ein Fehler bleibt, und wie muss der Umgang damit aussehen, damit es ein wertvoller Entwicklungsschritt werden kann?***
- ***Was davon klappt bei uns schon gut? Was davon könnte noch besser werden?***

Zitat aus: Pepin, Charles (2017): Die Schönheit des Scheiterns. Carl Hanser Verlag, München.

Anwendung: Plus-Minus-Interessant

20-Minuten-Version

Vorbereitung: Teilen Sie das Flipchart in zwei Spalten mit den Titeln „So bleibt es ein Fehler“ und „So wird daraus ein Entwicklungsschritt“.

Stellen Sie Frage 1 in die offene Runde, notieren Sie die Antworten der Teilnehmer in die Spalten.

Nun stellen Sie Frage 2 in die offene Runde und unterstreichen Sie entsprechend mit Rot und Grün, was bei Ihnen schon gut klappt (Grün) und was noch besser werden könnte (Rot).

15-Minuten-Version

Jeweils drei Teilnehmer besprechen gemeinsam die erste Frage und notieren die Ergebnisse für sich.

Lassen Sie zwei, drei Gruppen ihre Antworten präsentieren.

Fehlschläge und Niederlagen
sind die Meilensteine auf dem Weg zum Erfolg

– Sprichwort aus China

Jonglieren kann man nicht lernen, ohne Fehler zu machen. Ohne Bauch- und Bruchlandungen wäre die Luftfahrt nicht entstanden. Auch die Medizin verdankt sehr viel Wissen dem Trial & Error-Prinzip und dem historischen Ausprobieren von allerlei Quacksalbereien. Die gesamte Wissenschaft entwickelt sich durch Thesen, Verifizierungen und Falsifizierungen, was eigentlich nichts anderes als ein kontrolliertes Trial-and-Error-Prinzip darstellt.

- ***Was waren in meinem Arbeitsgebiet/in meiner Branche wegweisende Fehler? Was wurde daraus gelernt?***
- ***Welche Lerneinheiten kann ich persönlich aus meinen erlebten Fehlern und Versuchen weitervermitteln?***

Anwendung: Kleingruppe

20-Minuten-Version

10 Minuten – Lassen Sie jeweils zwei oder drei Teilnehmer die Fragen 1 und 2 miteinander besprechen und die Ergebnisse auf Moderationskarten festhalten.

10 Minuten – Jede Gruppe tauscht sich mit einer Nachbargruppe aus.

10-Minuten-Version

10 Minuten – Stellen Sie die erste Doppelfrage in die offene Runde: „Was waren in meinem Arbeitsgebiet/in meiner Branche wegweisende Fehler? Was wurde daraus gelernt?"

Lernen

Manche Lerneinheiten erfordern große Ausdauer. Wären wir als Erwachsene ausdauernd genug, laufen zu lernen?

Was die Menschheit heute erreicht hat, schien früher unvorstellbar.
Was die Menschheit in Zukunft erreichen wird, scheint heute unvorstellbar.

- ***Wie sieht meine Organisation 2030 aus?***
- ***Worauf sollte ich mich vorbereiten?***

Anwendung: Vision

20-Minuten-Version

Bilden Sie Dreiergruppen. Die Teilnehmer sollen in der Gruppe die erste Frage beantworten und die Ergebnisse stichpunktartig festhalten.

Jede Gruppe stellt ihre Ergebnisse kurz und knackig vor.

Holen Sie zwei bis drei Statements zu Frage 2 ein.

15-Minuten-Version

Sammeln Sie an dem Flipchart die Antworten zu Frage 1.

Holen Sie zwei bis drei Statements zu Frage 2 ein.

Work-Learn-Balance

Arbeit bringt das Unternehmen voran. Ohne die Arbeitsleistung der Menschen ist das Unternehmen überhaupt nicht existent. Lernen hingegen sichert die Zukunftsfähigkeit des Unternehmens und den langfristigen Erfolg des Einzelnen, geht aber meist von der Arbeitszeit ab.

- ***Wie sieht Ihre Balance aus?***
- ***Wie sähe die optimale Balance aus?***
- ***Was können Sie konkret dazu beitragen, um von der aktuellen zur idealen Balance zu kommen?***

Anwendung: Punkten

20-Minuten-Version

2 Minuten

Vorbereitung: Bereiten Sie zwei Skalen vor. 1.: „Work-Learn-Balance aktuell“; 2.: „Work-Learn-Balance ideal“. Verteilen Sie an jeden Teilnehmer zwei Klebepunkte.

3 Minuten

Die Teilnehmer sollen je einen Punkt auf jede Skala als Antwort auf die ersten beiden Fragen kleben.

15 Minuten

Dann sollen die Teilnehmenden zu dritt oder viert die dritte Frage in kleiner Runde beantworten.

15-Minuten-Version

2 Minuten

Vorbereitung: Bereiten Sie zwei Skalen vor. 1.: „Work-Learn-Balance aktuell“; 2.: „Work-Learn-Balance ideal“. Verteilen Sie an jeden Teilnehmer zwei Klebepunkte.

3 Minuten

Die Teilnehmer sollen je einen Punkt auf jede Skala kleben.

10 Minuten

Sammeln Sie drei bis vier Statements zu der Frage 3 ein.

Was heute nicht richtig ist …

„Was heute nicht richtig ist, kann morgen schon ganz falsch sein."

– Unbekannt

- ***Was für Herausforderungen kommen in Zukunft auf uns zu?***
- ***Was glauben Sie: Sind wir in der Art der Zusammenarbeit, die wir hier leben, gut für die Zukunft aufgestellt?***

Anwendung: Offene Runde

20-Minuten-Version

Sammeln Sie in offener Runde Themen, Prozesse, Herausforderungen zu Frage 1 und notieren Sie diese auf dem Flipchart.

Möglichst jeder Teilnehmer soll ein kurzes Statements zu Frage 2 geben.

15-Minuten-Version

Lassen Sie als Antwort zu Frage 1 drei (konkrete) Herausforderungen benennen.

Sammeln Sie einzelne Statements zu Frage 2.

Was braucht‘s?

Meister: „Hast du ein Problem mit Autorität?“ – Azubi: „Nein, aber mit Inkompetenz.“ Wie wichtig ist Erfahrung? Wie wichtig ist es, alles zu hinterfragen? Die Hintergründe zu verstehen?

- ***Was sind die Stärken der Neulinge?***
- ***Was sind die Stärken der alten Hasen?***
- ***Was davon brauchen wir in unserer Organisation?***

Anwendung: Plädoyers

20-Minuten-Version

5 Minuten

Lassen Sie ein ein- bis zweiminütiges Plädoyer für die Stärken der Jugend und der Neulinge halten. Das sollte der dienstälteste Mitarbeiter im Raum übernehmen.

5 Minuten

Nun lassen Sie ein ein- bis zweiminütiges Plädoyer für die Stärken der Erfahrung der alten Hasen halten. Das sollte der neueste Mitarbeiter in der Runde tun.

10 Minuten

Dann stellen Sie Frage 3 in die Runde und sammeln die entsprechenden Antworten.

15-Minuten-Version

10 Minuten

Bereiten Sie am Flipchart zwei Spalten vor: „Stärken von alten Hasen“ & „Stärken von Neulingen“. Sammeln Sie am Flipchart Antworten zu den Fragen 1 und 2.

5 Minuten

Nun stellen Sie Frage 3 in die Runde und unterstreichen die Antworten.

Vorher/Nachher

Im Vorfeld heißt es gerne: Neues zu wagen lohnt sich nicht! Denn es gibt immer mehr Möglichkeiten zu scheitern, als Erfolg zu haben. Wenn alles leicht oder klar wäre, dann hätten das auch andere schon gemacht. Man muss sich schon im Vorfeld über alles sicher sein, denn es gibt kein Zurück. – Im Nachhinein ging es dann doch immer wieder schneller und leichter, als man dachte.

Es wird gerne übersehen, dass man nach dem ersten Schritt bereits einen Schritt weiter ist, weiter sieht und weiter versteht. Ohne Experimente, Ausprobieren und Lernen kommen wir in dieser komplexen Welt nicht weiter.

- ***Erlaubt meine Organisationskultur, erste Schritte zu gehen? Erlaubt sie ergebnisoffene Experimente und Tests?***
- ***Was ist der Vorteil, wenn etwas offiziell getestet werden kann?***
- ***Wie könnten Experimente im Kontext der Zusammenarbeit aussehen?***

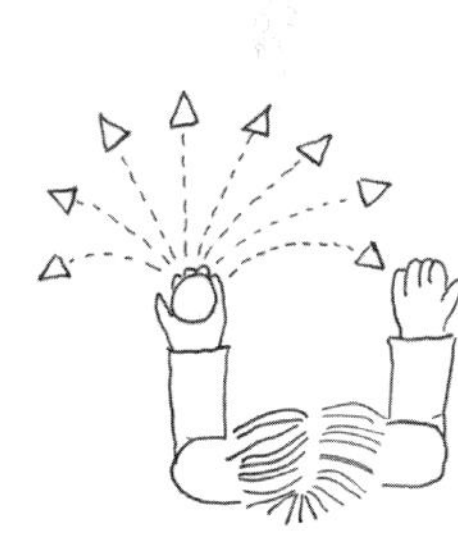

Anwendung: Kleine Runde

20-Minuten-Version

10 Minuten — Besprechen Sie die Fragen in Dreiergruppen.

10 Minuten — Sammeln Sie drei bis vier Statements zum Thema aus der gesamten Gruppe.

10-Minuten-Version

10 Minuten — Sammeln Sie drei bis vier Statements zum Thema aus der gesamten Gruppe.

Iteratives Lernen

„Sie sollten beim Ausfüllen des Totenscheines mehr Sorgfalt walten lassen", mahnt der Chefarzt den jungen Assistenten. „Sie haben schon wieder in der Spalte ‚Todesursache' Ihren eigenen Namen eingetragen!"

Iteratives Lernen: Mache Fehler, erhalte Feedback, lerne daraus. Mache das nächste Mal neue Fehler, erhalte Feedback und lerne daraus. Mache das nächste Mal neue Fehler, erhalte Feedback und lerne daraus ...

- ***Was mache ich mit Leuten, die kein Feedback geben?***
- ***Was mache ich mit Leuten, die nicht lernen wollen?***

Anwendung: Perspektivwechsel

20-Minuten-Version

Bilden Sie drei Gruppen. Jede Gruppe soll die Fragen beantworten, jedoch aus unterschiedlichen Perspektiven. Teilen Sie die folgenden Perspektiven zu:

- Familienkultur: Wie würde der Patriarch eines Familienunternehmens antworten?
- Projektkultur: Wie würde die NASA damit umgehen?
- Ideenkultur: Wie würde man in einem Start-up diese Fragen beantworten?

Lassen Sie die Ergebnisse vorstellen.

15-Minuten-Version

Stellen Sie die folgenden Fragen nacheinander in die offene Runde:

- Familienkultur: Wie würde der Patriarch eines Familienunternehmens die beiden Fragen beantworten?

- Projektkultur: Wie würde die NASA die beiden Fragen beantworten?

5 Minuten

- Ideenkultur: Wie würde man in einem Start-up diese Fragen beantworten?

Läuft doch alles! Also, was soll das hier?

Digitalisierung, AI, VR, IoT, ML, AR, Big Data, demografischer Wandel, Automatisierung, Generation X, Y, Z, Fachkräftemangel, Klimawandel, soziale Spaltung, disruptive Innovationen ...

- ***Wie wird die Welt wohl in 5 oder in 10 Jahren aussehen?***
- ***Welche Kompetenzen werden dann in meiner Organisation erforderlich sein?***
- ***Wie kann ich das schon heute unterstützen?***

Anwendung: Wunderfrage

20-Minuten-Version

8 Minuten

Vorbereitung: Teilen Sie an jeden Teilnehmer drei Moderationskarten und einen Stift aus. Jeder Teilnehmer beschreibt drei Karten zu der Fragestellung: „Stellen Sie sich vor, über Nacht ist ein Wunder geschehen. Ihre Organisation ist erfolgreich und in aller Munde, weil sie sich so gut für die Zukunft aufgestellt hat. Welche drei Dinge haben sich verändert?“

7 Minuten

Sammeln Sie die Karten ein, pinnen Sie die Ergebnisse an eine Pinnwand und clustern Sie dabei nach Themen. Fragen Sie nach, falls etwas unverständlich ist.

5 Minuten

Was wurde am häufigsten benannt? Welche Themen scheinen am wichtigsten zu sein? Besprechen Sie hierzu Frage 3.

15-Minuten-Version

8 Minuten

Teilen Sie an jeden Teilnehmer drei Moderationskarten und einen Stift aus. Jeder Teilnehmer beschreibt mindestens zwei Karten zu der Fragestellung: „Stellen Sie sich vor, über Nacht ist ein Wunder geschehen. Ihre Organisation ist erfolgreich und in aller Munde, weil sie sich so gut für die Zukunft aufgestellt hat. Welche drei Dinge haben sich verändert?“

Sammeln Sie die Karten ein, pinnen Sie die Ergebnisse an eine Pinnwand und clustern sie dabei nach Themen. Fragen Sie nach, falls etwas unverständlich ist.

Muss man Fehler bestrafen, damit am besten aus ihnen gelernt wird?

- ***Was für (versteckte) Strafen gibt es in unserer Organisation?***
- ***Welche Reaktionen auf Fehler finden wir hilfreich? Was sollte anders werden?***

Fehler müssen hart bestraft werden,
damit sie nicht nochmal vorkommen.

Anwendung: Einzelarbeit

20-Minuten-Version

Geben Sie allen Teilnehmenden eine Moderationskarte und bitten Sie sie, zu jeder Frage jeweils zwei bis drei Stichpunkte zu notieren.

Lassen Sie zu jeder Frage reihum die Antworten verlesen.

10-Minuten-Version

Geben Sie die erste Frage in die Runde. Lassen Sie zwei bis drei Beispiele erzählen.

Mein Leben noch einmal leben

„Wenn ich mein Leben noch einmal leben könnte, würde ich die gleichen Fehler machen. Aber ein bisschen früher, damit ich mehr davon habe."

– Marlene Dietrich

- ***Welche Fehler und Fehlentwicklungen waren in unserer Branche bzw. in unserem Wissensgebiet Meilensteine für die Weiterentwicklung?*** ***(In den letzten 12 Monaten, in den letzten 3 Monaten)***
- ***Wenden wir den Blick auf das Heute. Was trage ich zur Weiterentwicklung meiner Branche bei?***

Anwendung: Offene Runde

20-Minuten-Version

5 Minuten — Jeder Teilnehmer macht sich Stichpunkte zu Frage 1.

10 Minuten — Besprechen Sie die erste Frage in offener Runde.

5 Minuten — Besprechen Sie nun die zweite Frage in offener Runde.

15-Minuten-Version

5 Minuten — Jeder Teilnehmer macht sich Stichpunkte zu Frage 1.

10 Minuten — Besprechen Sie die erste Frage in offener Runde.

Nützliche Fehler?

Manchmal sind Fehler auch nützlich. Wofür?
Das erfährt man allerdings erst im Nachhinein.

- ***Welche Fehler haben sich für mich im privaten/beruflichen Umfeld im Nachhinein als nützlich bzw. positiv herausgestellt?***
- ***Was braucht es, um die positive Seite zu entdecken?***

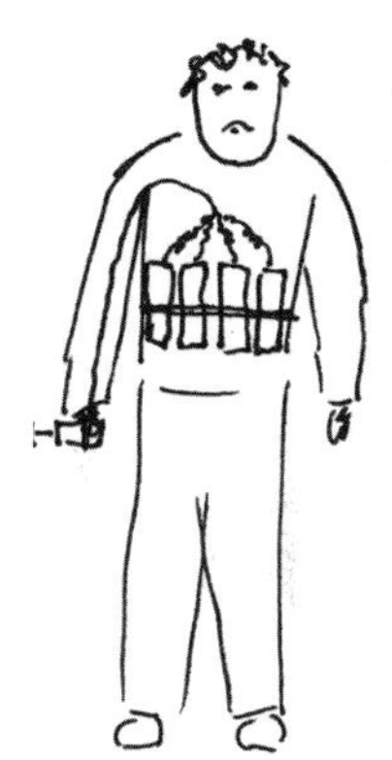

Anwendung: Erfahrungsaustausch

20-Minuten-Version

10 Minuten

Jeweils zwei, maximal drei Teilnehmer tauschen sich zu den Fragen aus.

10 Minuten

Jede Kleingruppe präsentiert die Ergebnisse kurz und knackig.

15-Minuten-Version

8 Minuten

Jeweils zwei Teilnehmer tauschen sich zu Frage 1 aus.

Stellen Sie Frage 2 in die offene Runde.

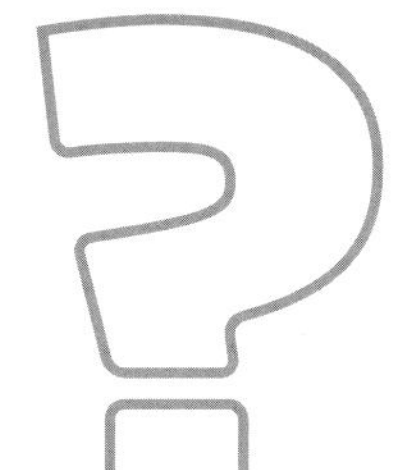

Heute mache ich mal einen richtig beschissenen Job!

Kein Mensch hat Lust auf einen schlechten Tag. Jeder versucht das (heute) Bestmögliche aus den Gegebenheiten zu machen. Führung muss nicht motivieren, es reicht schon, wenn sie nicht demotiviert.

Heute mache ich mal einen richtig beschissenen Job.

- ***Was kann ich tun, damit die Kollegen jegliche Motivation verlieren?***
- ***Was müsste mir widerfahren, dass ich wie im Bild zur Arbeit komme?***
- ***Wie kann ich sicherstellen, dass das nicht passiert?***

- ***Aufgabe für heute: Bringen Sie so viele Kollegen wie möglich zum Lächeln.***

Anwendung: Kopfstand

20-Minuten-Version

15 Minuten — Sammeln Sie auf dem Flipchart Antworten zu Frage 1.

5 Minuten — Sammeln Sie Statements zu Frage 3.

15-Minuten-Version

10 Minuten — Jeweils drei Teilnehmer besprechen Frage 1 in kleiner Runde.

5 Minuten — Sammeln Sie dann in offener Runde Statements zu Frage 3.

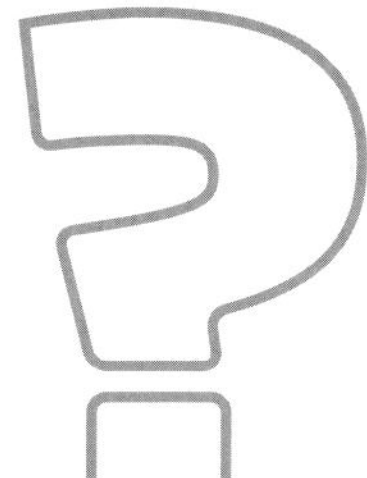

Nicht geschimpft ist genug gelobt

Anerkennung ...
steigert die Motivation
steigert das Selbstbewusstsein
steigert den Spaß bei der Arbeit

Keine Anerkennung ...
lässt Identifikation sinken
fördert höhere Wechselbereitschaft
fördert innere Kündigung

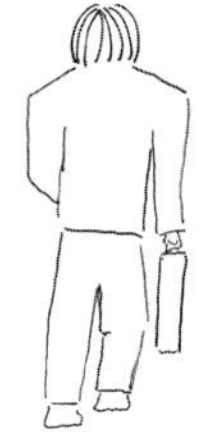

Fast die Hälfte der deutschen Arbeitnehmer fühlt sich unzureichend wertgeschätzt. Die meisten davon wissen nicht einmal, wie sich Wertschätzung in ihrem Unternehmen äußert.

- ***Wie steht es um die Wertschätzungskultur in meiner Organisation?***
- ***Wann wurde mir selbst das letzte Mal Wertschätzung entgegengebracht?***
- ***Wer in meiner Umgebung hat sich in letzter Zeit menschlich oder fachlich besonders hervorgetan?***

Anwendung: Punkten

20-Minuten-Version

2 Minuten

Erstellen Sie auf einem Flipchart eine Skala von eins bis zehn: 1 = „Gar keine Wertschätzung“, 10 = „Sehr viel Wertschätzung“. Verteilen Sie an jeden Teilnehmer einen Klebepunkt. Jeder soll eine Zahl zwischen 1 und 10 auf den Punkt notieren – je nachdem, wie er/sie die Wertschätzung in der eigenen Organisation einschätzt.

2 Minuten

Alle kommen nach vorne und kleben ihre Punkte auf das Flipchart.

16 Minuten

Danach spricht jeder mit dem Sitznachbarn über die Fragen 2 und 3.

15-Minuten-Version

5 Minuten

Aufgabenstellung: Erklären Sie die Längsseite des Raumes zu einer Skala von eins bis zehn. 1 = „Gar keine Wertschätzung“ – 10 = „Genügend Wertschätzung“. Die Teilnehmer positionieren sich auf der Skala zwischen 1 und 10 – je nachdem, wie sie die Wertschätzung in der eigenen Organisation einschätzen.

10 Minuten

Jeder Teilnehmer gibt ein kurzes Statement ab, warum er diesen Platz gewählt hat und wie er/sie das findet.

Good News – Was gut lief …

Wir sind es gewohnt, unseren Fokus auf das zu lenken, was noch nicht rund läuft, weil das unsere Aufmerksamkeit benötigt. Wir sollten allerdings nicht vergessen, auch unsere guten (Teil-)Ergebnisse im Kopf zu haben, das gibt uns bessere Laune, unserem Gehirn mehr Power, macht uns schneller und kreativer.

- ***Was lief gut seit dem letzten Treffen hier? Was hat vielleicht sogar positiv überrascht?***
- ***Welche positiven Ereignisse gab es?***
- ***Wie kam das zustande und wer hat dazu beigetragen?***

Anwendung: Offene Runde

20-Minuten-Version

20 Minuten

Fragen Sie in die offen Runde, wer beginnen kann. Jeder Teilnehmer soll ein positives Erlebnis der letzten Tage oder Wochen anhand der Fragen erzählen.

10-Minuten-Version

Fragen Sie in die offene Runde, wer beginnen kann. Einige Teilnehmer sollen ein positives Erlebnis der letzten Tage oder Wochen anhand der Fragen erzählen.

Tag der Wahrheit

Positives Feedback kommt oft zu kurz. Nicht nur Zeitmangel hindert uns daran, auch Bedenken, dass es arrogant oder falsch verstanden werden könnte. Für Selbstbewusstsein, Motivation und Spaß ist es allerdings wichtig, dass man sich wahrgenommen und geschätzt fühlt.

- ***Was schätze ich an meinen Kollegen?***
- ***Wissen diejenigen das?***

Anwendung: Post-it-Lob

20-Minuten-Version

10 Minuten

Stellen Sie Post-it-Zettel bereit. Jeder Teilnehmer erstellt für sich eine Tabelle mit drei Spalten: „Name des Kollegen“, „Was ich an dieser Person schätze“, „Weiß diese, dass ich das an ihm/ihr schätze?“ Jeder Teilnehmer trägt mindestens fünf Kollegen in seine Liste ein.

10 Minuten

Jeder Teilnehmer soll einer Person davon sofort ein Post-it mit einem Lob schreiben und das noch heute an deren Arbeitsplatz anbringen. Oder sich in den nächsten zwei Tagen mit der Anerkennung an diese Person wenden.

15-Minuten-Version

8 Minuten

Stellen Sie Post-it-Zettel bereit. Jeder Teilnehmer erstellt für sich eine Tabelle mit drei Spalten: „Name des Kollegen“, „Was ich an dieser Person schätze“, „Weiß diese, dass ich das an ihm/ihr schätze?“ Jeder Teilnehmer trägt mindestens drei Kollegen in seine Liste ein.

7 Minuten

Jeder Teilnehmer soll einer Person davon sofort ein Post-it mit einem Lob schreiben und das noch heute an deren Arbeitsplatz anbringen. Oder sich in den nächsten zwei Tagen mit der Anerkennung an diese Person wenden.

Organisationskultur

Organisationskultur bestimmt das Verhalten des Einzelnen – und der Einzelne beeinflusst mit seinem Verhalten die Organisationskultur.

- ***Welchen Spin, welchen Impuls, welche Richtung gebe ich persönlich der Organisationskultur?***
- ***Welche Möglichkeiten nutze ich bereits?***
- ***Welche Möglichkeiten lasse ich noch aus?***

Eigeninitiative, Risikofreude, unternehmerisches Denken und kreative Lösungsansätze sind 'ja schön und gut.
Aber Fehler gehen gar nicht!

Anwendung: Spiegelung

20-Minuten-Version

Erklären Sie erst den folgenden Ablauf:

Jeweils drei Teilnehmer bilden eine Gruppe. Person A, B, C. Wobei immer zwei Personen 5 Minuten lang anhand der Fragen über die dritte Person spekulieren. Die dritte Person hört nur zu: keine Rechtfertigung, keinen Kommentar zu dem Gehörten! Nach 6 Minuten ist Wechsel. Also erst spekulieren Person A und B über C, dann spekulieren B und C über A, und dann C und A über B.

Achten Sie auf die Zeit und geben Sie nach jeweils 5 Minuten das Signal zum Wechsel.

10-Minuten-Version

Jeweils zwei Teilnehmer tauschen sich zu den drei Fragen aus. Wobei eine Person anhand der Fragen über die zweite Person spricht. Die zweite Person, über die gesprochen wird, hört nur zu: keine Rechtfertigung, kein Kommentar zu dem Gehörten!

Achten Sie auf die Zeit und geben Sie nach 5 Minuten das Signal zum Wechsel.

Feedback oder Kritik als Geschenk

Feedback bzw. Kritik kann uns helfen, unser Verhalten zu überprüfen und ggf. zu verändern. Für diesen Hinweis könnten wir dankbar sein, genau so, als ob wir ein Geschenk entgegennehmen würden. Es kann aber auch sein, dass ein Geschenk ziemlich hässlich verpackt daherkommt oder dass der Inhalt nicht dem entspricht, was wir uns vorstellen.

- ***Wie reagiere ich auf unterschiedliche Geschenke? Welche landen direkt auf dem Müll?***
- ***Was muss ein Geschenk haben, damit ich es mir genauer anschaue?***
- ***Was macht für mich aus einem Feedback ein Geschenk?***

Anwendung: Murmelgruppe

20-Minuten-Version

15 Minuten

Die Teilnehmer besprechen in Zweiergruppen die Fragen 1 bis 3.

Jede Zweiergruppe teilt ihre Antwort zu Frage 3 dem Plenum/dem Team mit.

10-Minuten-Version

10 Minuten

Die Teilnehmer besprechen in Zweiergruppen Frage 3.

Positive Vorzeichen

Man bekommt das, was man erwartet. Erwarten Sie, dass mal wieder alle unfair und kaltschnäuzig sind – oder erwarten Sie ein faires, freundliches und menschliches Miteinander?

Negative Vorzeichen bestätigen sich selbst und erzeugen einen Sog. Das können Sie aber beeinflussen, indem Sie etwas Positives entgegenhalten. Denn das erzeugt auch einen Sog. Fragen Sie sich:

- ***Was für positive Erlebnisse hatte ich/hatten wir letzte Woche?***
- ***Wie verändert ein positives Erlebnis meine Sichtweise auf den Arbeitsalltag?***

Anwendung: Positive Runde

20-Minuten-Version

3 Minuten — Laden Sie Ihre Teilnehmer ein, an ein positives Erlebnis aus der letzten Woche zu denken.

10 Minuten — Lassen Sie zwei bis drei Erlebnisse in offener Runde erzählen.

7 Minuten — Wie verändert das die Sichtweise auf den Arbeitsalltag? Fangen Sie zwei, drei Statements dazu ein.

10-Minuten-Version

2 Minuten — Jeder soll an ein positives Erlebnis aus der letzten Woche denken.

8 Minuten — Lassen Sie zwei bis drei Erlebnisse in offener Runde erzählen.

Geschichten, die das Leben schrieb

Wirtschaft wird nicht nur von harten Fakten geprägt, sondern auch von Geschichten. Positive Geschichten werden aber oft vom Alltag in den Hintergrund und schließlich in Vergessenheit gedrängt. Also höchste Zeit, sie wieder rauszusuchen:

Erinnern Sie sich an eine Zeit, in der Sie sich sehr lebendig und erfüllt fühlten.
In der Sie begeistert waren von der Zugehörigkeit zu dieser Organisation:

- ***Was war eine herausragend positive Erfahrung, die ich hier erlebt habe?***
- ***Wie habe ich mich gefühlt? Was machte die Begeisterung aus?***

Anwendung: Appreciative Inquiry

20-Minuten-Version

20 Minuten

Die Teilnehmer tauschen sich zu dritt zu den Fragen aus. Einer erzählt als Antwort auf die Fragen seine Geschichte, die anderen beiden hören zu. Nach sechs Minuten geben Sie ein Signal zum Wechsel.

15-Minuten-Version

15 Minuten

Die Teilnehmer tauschen sich zu zweit zu den Fragen aus. Einer erzählt als Antwort auf die Fragen seine Geschichte, der andere Teilnehmer hört zu. Nach sechs Minuten geben Sie ein Signal zum Wechsel.

Danke

Adam Smith, Protagonist des Nützlichkeitsdenkens, bezeichnete Dankbarkeit als „vielleicht heiligste“ Pflicht. Inzwischen ist in zahlreichen Forschungen belegt, dass Dankbarkeit eine sehr starke Beziehung zu psychischer und physischer Gesundheit hat. Dankbare Menschen sind u.a. glücklicher, weniger depressiv, leiden weniger unter Stress und sind zufriedener mit ihrem Leben und ihren sozialen Beziehungen. Sie sind leistungsfähiger, kreativer und auch gesünder.

- ***Für was sind Sie dankbar?***
- ***Wem sind Sie dankbar?***

Dankbarkeit ist recht gut erforscht und ebenso entsprechende Interventionen, die das Gefühl stärken. Die stärkste langfristige Auswirkung hat das Führen eines Dankbarkeitstagebuches, in das man täglich drei oder mehr Situationen schreibt, für die man dankbar ist. Die stärkste kurzfristige Auswirkung hat ein Dankbarkeitsbrief, den man persönlich überbringt.

- ***Tun Sie sich und anderen etwas Gutes: Schreiben Sie einen kleinen Dankbarkeitsbrief.****

* M. E. Seligman et al.: (2005): Positive Psychological Progress: Empirical Validiation of Interventions, American Psychologist 60: 410-21.

Anwendung: Brief

20-Minuten-Version

Jeder Teilnehmer soll einen kurzen Dankesbrief schreiben. An welche Person dieser Brief gerichtet ist, ist vollkommen frei. Es kann auch jemand aus dem privaten Umfeld sein.

10-Minuten-Version

Jeder Teilnehmer soll eine kurze Dankesnotiz schreiben. An welche Person diese Notiz gerichtet ist, ist vollkommen frei. Es kann auch jemand aus dem privaten Umfeld sein.

Try-&-Error-Kultur

In der Methode des Lean Start-up gilt die Regel, dass man das beste Feedback für die Weiterentwicklung von Fans und Verweigerern erhält. Denn dahinter steckt immer ein Grund, der zur Verbesserung beitragen kann.

- ***Wer sind meine Fans und Verweigerer?***
- ***Von wem könnte ich mir aktiv Feedback einholen?***

Anwendung: Einzelarbeit

15-Minuten-Version

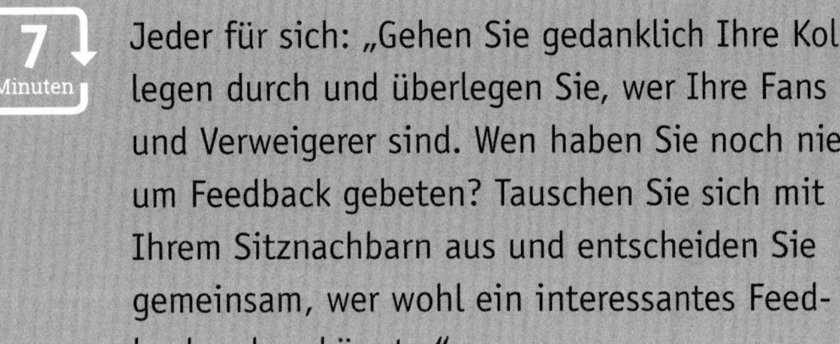

7 Minuten Jeder für sich: „Gehen Sie gedanklich Ihre Kollegen durch und überlegen Sie, wer Ihre Fans und Verweigerer sind. Wen haben Sie noch nie um Feedback gebeten? Tauschen Sie sich mit Ihrem Sitznachbarn aus und entscheiden Sie gemeinsam, wer wohl ein interessantes Feedback geben könnte."

6 Minuten Frage in die Runde: „Hat jemand von Ihnen Erfahrungen damit, Feedback zu erhalten, von Fans oder Verweigerern? Können Sie uns berichten, was Sie daraus gemacht haben?"

2 Minuten „Holen Sie sich aktiv Feedback ein …"

10-Minuten-Version

9 Minuten Jeder für sich: „Gehen Sie gedanklich Ihre Kollegen durch und überlegen Sie, wer Ihre Fans und Verweigerer sind. Wen haben Sie noch nie um Feedback gebeten?"

1 Minuten „Versuchen Sie es: Holen Sie sich aktiv Feedback ein …"

Sorry, mein Fehler

Ein Party-Gast fragt den anderen: „Sagen Sie mal, wissen Sie, wer diese schreckliche Frau dort ist, die immer so laut spricht?“ – „Oh, entschuldigen Sie bitte, das ist meine Gattin.“ – „Das tut mir aber jetzt leid, das wusste ich nicht.“ – „Kein Problem, es war ja auch mein Fehler!“

Fazit: Je frühzeitiger man zu einem Fehler steht, desto entwaffnender für ein Gegenüber!

- ***Stimmt das? Funktioniert das hier bei uns?***
- ***Wann übernehmen wir Verantwortung für unser Zutun bei einem Fehler?***

Anwendung: Erfahrungsaustausch

20-Minuten-Version

10 Minuten

Jeweils zwei, maximal drei Teilnehmer tauschen sich zu dem Fazit und den Fragen aus: „Je frühzeitiger man zu einem Fehler steht, desto entwaffnender für das Gegenüber!"

10 Minuten

Stellen Sie folgende Frage für die weitere Diskussion: „Inwiefern macht es einen Unterschied beim Übernehmen von Verantwortung, ob ich Hauptverantwortlicher für einen Fehler bin oder nur etwas dazu beigetragen habe?"

10-Minuten-Version

10 Minuten

Jeweils zwei, maximal drei Teilnehmer tauschen sich zu dem Fazit und den Fragen aus: „Je frühzeitiger man zu einem Fehler steht, desto entwaffnender für das Gegenüber!"

Fehler machen ist menschlich

Menschen passen sich lieber an, als neue Wege zu gehen. Deshalb passt jeder einzelne Mitarbeiter sein Verhalten an das Verhalten der anderen an. Die Summe dieser Verhaltensweisen ist dann die Organisationskultur. Andererseits kann aber auch jeder Einzelne mit seinem Verhalten Einfluss darauf nehmen, wie sich das gesamte Miteinander verändert.

- ***Mit welchem Verhalten bin ich selbst Vorbild für andere?***
- ***Mit welchem Verhalten sind andere für mich ein Vorbild?***

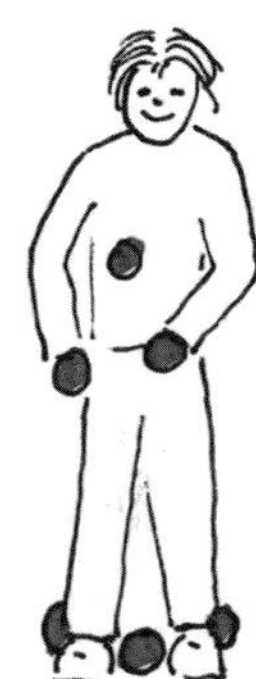

Ich soll einen Fehler gemacht haben? Nee.

Anwendung: Galerie der Vorbilder

20-Minuten-Version

15 Minuten

Stellen Sie den Teilnehmern Moderationskarten und Klebeband zur Verfügung. Die Antworten zu den Fragen 1 und 2 sollen wie folgt auf Moderationskarten notiert werden: Jeder Teilnehmer soll auf jeweils eine Karte ein Gesicht zeichnen (Smiley geht auch), einen Namen notieren und Stichworte, mit welchem Verhalten diese Person als Vorbild dient.

5 Minuten

Nun sollen alle Vorbildkarten als Galerie an eine Wand geklebt werden. Achten Sie darauf, dass sie nicht zu eng beieinander sind. So, dass alle Teilnehmer im Raum herumgehen und sich alle Karten durchlesen können.

10-Minuten-Version

Jeder Teilnehmer tauscht sich mit seinem Sitznachbarn zu den Fragen 1 und 2 aus.

Fehlerkultur/Organisationskultur

Eine Organisationskultur zu verändern, ist, als ob man sich eine schlechte Angewohnheit abgewöhnen wollte. Man muss wissen, warum. Man muss sich ständig aufs Neue daran erinnern und es gibt auch Rückfälle. Aber man weiß auch die kleinen Fortschritte zu schätzen und darf darauf stolz sein.

- ***Wo würde ich meine Art der Zusammenarbeit oder meine Organisationskultur gerne hinentwickeln?***
- ***Mit welchen drei Punkten kann ich sicherstellen, dass ich meine Vorhaben nicht aus den Augen verliere?***

Anwendung: Königsfrage

20-Minuten-Version

Bilden Sie Dreiergruppen. Jede Gruppe soll die zwei Fragen folgendermaßen beantworten und die Antworten für sich festhalten:

- „Wenn Sie König dieser Organisation wären, wie würden Sie Frage 1 beantworten?“
- „Wenn Sie König dieser Organisation wären, welche zwei, drei Anreize/Regeln/Gesetze/Prinzipien würden Sie schaffen, damit Ihr Vorhaben nicht aus den Augen verloren werden kann?“

Lassen Sie die Ergebnisse präsentieren.

15-Minuten-Version

Bilden Sie Zweiergruppen, die die beiden Fragen gemeinsam beantworten.

- „Wenn Sie König dieser Organisation wären, wie würden Sie Frage 1 beantworten?“
- „Wenn Sie König dieser Organisation wären, welche zwei, drei Anreize/Regeln/Gesetze/Prinzipien würden Sie schaffen, damit Ihr Vorhaben nicht aus den Augen verloren werden kann?“

Lassen Sie ein, zwei Gruppen nach vorne kommen und die ausgearbeiteten königlichen Regeln dem Volk mitteilen.

Vertrauen versauen

Die Welt verändert sich sehr schnell. Heutzutage schlagen nicht mehr die Großen die Kleinen, sondern die Schnellen die Langsamen.

Vertrauen ist die Leitwährung der Zusammenarbeit. Bei Misstrauen wird jede Zusammenarbeit langsam, teuer und anstrengend. Bei vollem gegenseitigen Vertrauen wird alles leichter, schneller und effizienter.

▶ ***Wie zerstört man wirkungsvoll Vertrauen?***

Preisliste / Wartezeit

Gefallen	1 Tag
bei vollem Vertrauen	0,5 Tage
bei Misstrauen	2 Tage
bei Lügnern, Betrügern, ...	2 Wochen

Anwendung: Kopfstand

20-Minuten-Version

10 Minuten

Kleingruppe: Die Teilnehmer sammeln mit ihrem Sitznachbarn Stichworte zu der Frage auf Moderationskarten.

10 Minuten

Bereiten Sie währenddessen eine Moderationskarte vor, auf der „Was man nicht tun sollte“ steht. Dann pinnen die einzelnen Kleingruppen ihre Karten an die Pinnwand.

Zum Ende pinnen Sie die „Was man nicht tun sollte“-Karte als Überschrift darüber.

10-Minuten-Version

Reihum gibt jeder Teilnehmer eine Antwort zur der Frage.

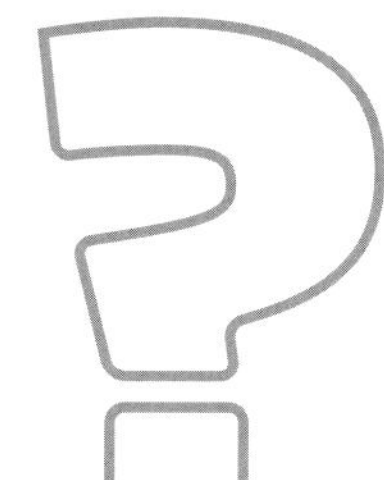

Verschiedene Perspektiven

Ein Schwabe hat im Betrieb einen Fehler gemacht und muss beim Chef antreten. Dieser versteht kein Wort und schickt den Schwaben wieder aus seinem Büro, ohne weitere Maßnahmen zu ergreifen.

„Was macht der Chef jetzt mit dir? Bist du entlassen?“, fragen seine Kollegen.
„Er macht nix, i derf weiderschaffa!“, erklärt der Schwabe.
„Wie kann das denn sein?“, wollen die anderen wissen.
Da sagt der Schwabe: „Schwätza muass ma halt kenna!“

- ***Zuhören ist nicht alles. Versuchen wir, die andere Seite wirklich zu verstehen?***
- ***Wie würde ich mich als Chef in dieser Situation verhalten?***

Anwendung: Perspektivwechsel

20-Minuten-Version

10 Minuten

Bilden Sie Zweier- oder Dreiergruppen. Ordnen Sie jeder Kleingruppe eine der folgenden Personen zu:

- Der junge Mitarbeiter, der erst seit drei Monaten im Unternehmen ist
- Die Werkstudentin
- Der Mitarbeiter, der demnächst in Rente geht
- Die Frau, die nur halbtags arbeitet
- Der Chef vom Chef

Jede Gruppe beantwortet Frage 2 aus der zugeteilten Perspektive: Wie würden diese Personen als Chef vorgehen?

Jede Kleingruppe stellt ihr Ergebnis der Gesamtgruppe vor.

Sammeln Sie zwei, drei Statements ein: „Von welchem Reaktionsmuster könnten Sie in Ihrer Organisation noch eine Prise mehr gebrauchen?“

Kategorischer Imperativ

Frei nach Kant: „Handle so, dass die Maxime deines Verhaltens jederzeit zugleich als Prinzip für das ganze Unternehmen gelten könnte." Oder: „Der Fisch stinkt immer vom Kopf."

- ***Welche Verhaltensweisen sind mir in letzter Zeit aufgefallen, die als Maxime dienen könnten?***
- ***Wie wurde darauf reagiert?***

Anwendung: Vortragen

20-Minuten-Version

10 Minuten

Erklären Sie den Teilnehmern das hier beschriebene Vorgehen: erst zu zweit besprechen, dann szenisch präsentieren.

Jeweils zwei Teilnehmer besprechen gemeinsam die Fragen.

10 Minuten

Zwei Kleingruppen sollen eine Verhaltensweise, die als Maxime gelten könnte, und die Reaktion darauf vorne szenisch (als kleine Theaterszene) darstellen.

10-Minuten-Version

10 Minuten

Stellen Sie Frage 1 in die offene Runde. Ein oder zwei Teilnehmer sollten ein Beispiel vortragen.

Lassen Sie auch die Reaktionen aus dem Umfeld darauf möglichst kurz und sachlich beschreiben.

Positive (Fehler-)Kultur

Kultur verändern ist wie Angewohnheiten verändern – das kann lange dauern! Auf dem Weg zum Ziel ist es ganz normal, dass es auch Rückfälle in alte Verhaltensweisen gibt.

- ***Wie kann ich einen Rückfall bestmöglich ansprechen?***
- ***Wenn eigenständiges Engagement nicht funktioniert, wie kann ich unterstützen?***

Was habe ich da gehört? Wir wollen eine andere Fehlerkultur! Da kannst Du doch nicht die Leute anschreien, wenn ein Fehler passiert. Bist Du denn so einfältig? Wie sollen Deine Leute denn lernen, dass sie Fehler berichten, wenn Du sie so zur Schnecke machst? Passiert das noch einmal, hat das ernste Konsequenzen!

Anwendung: Murmelgruppe

20-Minuten-Version

10 Minuten — Bilden Sie Zweier- oder maximal Dreiergruppen. Jede Gruppe beantwortet die zwei Fragen erst mal für sich und notiert die Ergebnisse.

10 Minuten — Jede Gruppe präsentiert ihre Antworten zu Frage 2.

10-Minuten-Version

10 Minuten — Bilden Sie Zweier- oder maximal Dreiergruppen. Jede Gruppe beantwortet die zwei Fragen für sich.

Verantwortung übernehmen

Chef zum Mitarbeiter: „Ich habe beschlossen, Ihnen mehr Verantwortung zu übertragen. Von heute an sind Sie für alles verantwortlich, was schiefläuft."

Als Führungskraft bin ich für alles verantwortlich, was in meinem Bereich passiert.

- ***Bin ich alleine dafür verantwortlich, dass sich die Fehlerkultur (oder Organisationskultur) ändert?***
- ***Wäre es nicht interessant, einen (Fehler-)Kulturpaten an meiner Seite zu haben?***

Anwendung: Plus-Minus-Interessant

20-Minuten-Version

10 Minuten

Vorbereitung: Teilen Sie das Flipchart in zwei Spalten auf: Positiv und negativ. Überschrift „Der Kulturpate".

Diskutieren Sie die Idee des Kulturpaten und tragen Sie die Ergebnisse in die Spalten ein.

10 Minuten

Was an den Einträgen ist für Ihre Organisation/für Ihre Abteilung interessant? Warum? Unterstreichen Sie die Interessant-Nennungen.

15-Minuten-Version

8 Minuten

Jeweils zwei Teilnehmer diskutieren die Idee des Paten.

7 Minuten

Holen Sie zwei, drei Statements ein, was daran positiv oder negativ ist.

Verantwortung für Ergebnisse

Verantwortung für Ergebnisse zu übernehmen, anstatt nur für Aktivitäten, steigert das Vertrauen. Das gilt sowohl für gute als auch für negative Ergebnisse. Allerdings braucht es hierfür auch einen Vertrauensvorschuss und Gestaltungsspielraum.

- ***Wofür wird in meinem Umfeld üblicherweise Verantwortung übernommen?***
- ***Zu wie viel Prozent wird in meinem Arbeitsumfeld Verantwortung für Ergebnisse übernommen?***
- ***Was braucht es, damit ich oder meine Kollegen verantwortungsbewusster handeln können?***

Anwendung: Standortbestimmung

20-Minuten-Version

Erklären Sie die Längsseite des Raumes zu einer Skala von 0 Prozent bis 100 Prozent. 0 Prozent steht für „Verantwortung für Aktivität“. 100 Prozent bedeutet „Verantwortung für Ergebnisse“. Nun sollen sich die Teilnehmer als Antwort auf Frage 2 auf der Skala aufstellen.

16 Minuten

Gehen Sie an der Skala entlang und fragen jeden Teilnehmer, warum er genau dort steht und was es aus seiner Sicht braucht, um sich weiter in Richtung „Verantwortung für Ergebnisse“ zu stellen.

15-Minuten-Version

Vorbereitung: Geben Sie jedem Teilnehmer eine Moderationskarte. Jeder Teilnehmer soll seine Antwort zu Frage 2 auf seiner Karte notieren.

Auf Ihr Zeichen hin zeigen alle ihre Antworten in die Runde.

Reihum gibt jeder Teilnehmer ein kurzes Statement als Antwort auf Frage 3.

Ende gut, alles gut

Es ist leider wahr, dass unsere Leben völlig unerwartet jederzeit zu Ende sein könnten. Schön wäre, wenn jeder am Ende für sich ein gutes Leben hatte. Was braucht es dazu?

- ***Was würde ich dann gerne noch machen?***
- ***Wem würde ich gerne noch was sagen?***
- ***Was würde ich an meinem Alltag bis dahin verändern?***

Warum sollte ich mein Leben und meinen Alltag nicht gleich so ändern, dass es schon heute gut ist, anstatt nur am Ende?

Anwendung: Bucketlist

20-Minuten-Version

15 Minuten — Schreiben Sie eine „Bucketlist", eine kurze Liste mit den Dingen, in der Sie die drei obigen Fragen beantworten.

5 Minuten — Besprechen Sie die Liste mit Ihrem Sitznachbarn.

10-Minuten-Version

10 Minuten — Schreiben Sie eine „Bucketlist", eine kurze Liste mit den Dingen, in der Sie die drei obigen Fragen beantworten.

Das haben wir schon immer so gemacht

Deshalb leben wir noch auf den Bäumen, kommen mit dem Pferd oder der Kutsche zur Arbeit, wo wir den ganzen Tag vor der Schreibmaschine oder dem Fließband arbeiten. 48 Stunden in sechs Tagen pro Woche. Die Älteren unter Ihnen werden sich sicherlich noch daran erinnern.

- ***Was hat sich verändert, seit ich hier angefangen habe? Im technischen Bereich, in Prozessen/Strukturen, in der Art der Zusammenarbeit?***
- ***Welche Veränderungen kommen in Zukunft auf uns zu?***

Geben Sie das bitte der Sekretärin, damit sie es abtippt. Und reichen Sie mir bitte mal das Telefonbuch.

Anwendung: Sammeln

20-Minuten-Version

2 Minuten Benennen Sie einen Schwarzmaler und einen Weißmaler. Der Schwarzmaler beginnt jeden Satz mit: „Das Alte war besser, weil …“ Der Weißmaler beginnt jeden Satz mit: „Das war gut, dass wir das geändert haben, weil …“

10 Minuten Stellen Sie Frage 1 in die Runde. Nach jeder Antwort sollen Schwarz- und Weißmaler etwas dazu sagen.

8 Minuten Stellen Sie Frage 2 in die Runde. Auch hierzu sollen Schwarz- und Weißmaler etwas sagen.

15-Minuten-Version

10 Minuten Stellen Sie Frage 1 in die Runde Lassen Sie den dienstältesten Teilnehmer beginnen.

Stellen Sie Frage 2 in die Runde. Der jüngste Teilnehmer im Raum soll als Erstes eine Vermutung abgeben.

Hat der Fehler Kultur?

Wichtige kulturelle und gesellschaftliche Regeln und Orientierungen werden oft in Ritualen festgehalten.

Stellen Sie sich vor, Ihre Firma wird von Japanern übernommen, die darauf bestehen, dass Sie für die Besprechung und Auswertung von Fehlern ein Ritual durchführen. Dieses Ritual soll nun entworfen werden. Wie würde das bei Ihnen aussehen?

- ***Skizzieren Sie das Ritual in seinen einzelnen Schritten.***

Anwendung: Ritual entwerfen

20-Minuten-Version Nr. 1

10 Minuten

Bilden Sie Vierergruppen. Jede Gruppe soll für sich ein Ritual entwerfen.

10 Minuten

Jede Gruppe stellt ihr Ritual vor.

20-Minuten-Version Nr. 2

12 Minuten

Bilden Sie Dreier- oder Vierergruppen. Jede Gruppe soll für sich ein Ritual entwerfen.

Lassen Sie zwei Gruppen nacheinander ihre Ritualidee vorne szenisch präsentieren/improvisieren/vorspielen.

Risiko ist die Bugwelle des Erfolges

– Carl Amery

Was gestern noch als riskant galt, ist heute bereits Standard. Das, was heute noch riskant ist, wird der Standard von morgen sein. Gar kein Risiko einzugehen, ist also das Riskanteste für die Zukunft.

- ***Wenn ich für ein Jahr Chef des gesamten Unternehmens wäre, absolut frei entscheiden könnte und unbegrenzte Mittel zur Verfügung hätte, was würde ich wagen wollen?***
- ***Was wären die Risiken dabei?***

Anwendung: Perspektivwechsel

20-Minuten-Version

10 Minuten

Lassen Sie die Fragen in Zweiergruppen besprechen. Falls jemand keine Lust hat, für ein Jahr Chef zu sein, fragen Sie, was Familienmitglieder/Freunde, Ironman, Superman etc. wagen würden.

10 Minuten

Bitten Sie zwei oder drei Kleingruppen, von ihren Ideen zu berichten.

10-Minuten-Version

10 Minuten

Stegreifrede: Jeder der Teilnehmer soll sich in Selbstbeschäftigung Gedanken dazu machen. Fügen Sie hinzu: „Falls jemand keine Lust hat, für ein Jahr Chef zu sein, fragen Sie sich, was Familienmitglieder/Freunde, Ironman, Superman etc. wagen würden."

Nun fragen Sie, wer von den Teilnehmern bereit ist, in einer kurzen Stegreifrede seine Antwort vorzustellen. Die Rede soll in der Rolle des Chefs (oder einer anderen Rolle) gehalten werden und nicht länger als zwei Minuten dauern.

Wege entstehen beim Gehen

- *Wenn überhaupt nichts schiefgehen könnte, was würde ich dann anpacken?*
- *Vor welchen konkreten Hindernissen haben wir dabei Angst?*

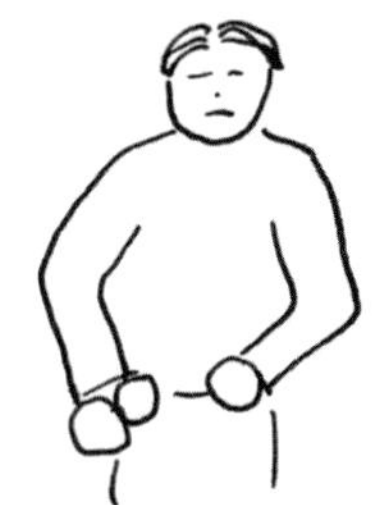

Anwendung: Erfolgsstory

20-Minuten-Version

Geben Sie jedem Teilnehmer ein DIN-A4-Blatt. Nun soll sich jeder eine Antwort zu Frage 1 überlegen. Die Aufgabe: „Stellen Sie sich vor, wir sind bereits fünf Jahre weiter. Sie blicken zurück auf den heutigen Tag, an dem Sie genau diese Idee angingen, die alle für unmöglich hielten. Beschreiben Sie in wenigen Sätzen, als Bild oder Skizze, die Erfolgsstory Ihrer Idee."

Hängen oder kleben Sie die Storys an die Wand und lassen Sie die Teilnehmer herumgehen, um die Storys der anderen zu lesen.

15-Minuten-Version

Jeder Teilnehmende soll für sich ein Projekt als Antwort auf Frage 1 notieren.

Sie lassen zwei oder drei der notierten Projekte vorlesen.

„Äh, so macht ihr das hier?“

„So machen wir das hier“* – so lautet die kürzeste Beschreibung von Unternehmenskultur. Das impliziert Kleidung, Umgangsformen, Umgang mit Hierarchie, mit Macht, Strukturen und Prozessen, Fehlern, Konflikten, Verbindlichkeit, Kunden, Innovation, Risiko, ...

Stellen Sie sich vor, Sie könnten einen Monat lang einen externen Beobachter in Ihrem Unternehmen haben. Und diese Person spricht in Ihren Meetings ganz konkret an, was ihm/ihr merkwürdig im positiven wie negativen Sinne vorkommt. Fragen Sie sich:

- ***Wen würde ich einladen?***
- ***Was würde diese Person wohl bei uns beobachten und mitteilen?***

* D. Bright & B. Parkin (1997): Human Resource Management – Concepts and Practices. Business Education Publishers Ltd.

Anwendung: Perspektivwechsel

20-Minuten-Version

4 Minuten — Jeder Teilnehmer erhält ein Post-it und notiert darauf eine Persönlichkeit zusammen mit zwei, drei typischen Charaktermerkmalen. Die Charaktere können historisch sein, politisch oder fantastisch, z.B.: Winnetou (brüderlich, friedlich, bodenständig), Pipi Langstrumpf (furchtlos, frech, unangepasst), der Azubi, Mitarbeiter X, Ghandi, der Papst, Al Capone, ...

1 Minuten — Nun gibt jeder seinen Post-it an den übernächsten linken Nachbarn weiter.

5 Minuten — Jeder Teilnehmer überlegt, was dieser Persönlichkeit hier auffallen könnte. (Falls das Kulturfeld zu breit gefasst ist, beschränken Sie es auf Einzelaspekte: die Meeting-Kultur oder den Umgang mit Dienstwegen etc.)

10 Minuten — Jeder Teilnehmer gibt ein Statement zur Unternehmenskultur aus der Perspektive der gewählten Persönlichkeit ab.

15-Minuten-Version

4 Minuten — Jeder Teilnehmer sucht sich eine Persönlichkeit aus. Die Charaktere können historisch sein, politisch oder fantastisch oder aus Film/Fernsehen, Märchen.

3 Minuten — Alle bereiten sich kurz auf Punkt 2 vor.

8 Minuten — Jeder gibt ein Statement zur Unternehmenskultur aus der Perspektive der gewählten Persönlichkeit ab.

Konkurrenz aus der Seitenstraße

„Der gefährliche Wettbewerb kommt nicht von hinten, den erkennt man im Rückspiegel. Die Konkurrenz kommt aus der Seitenstraße.“

– Reinhard Ploss, Infineon

- ***Unser Geschäftsmodell ist gefährdet, wenn Algorithmen ...***
- ***Unser Geschäftsmodell wird untergraben, wenn ...***
- ***Unser Angebot ist nicht mehr wettbewerbsfähig, wenn ...***
- ***Robotik kannibalisiert unser Geschäftsmodell, wenn ...***

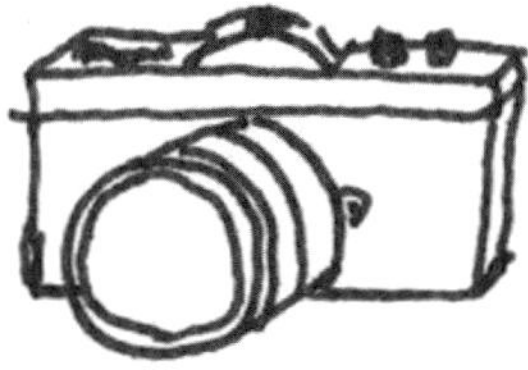

Anwendung: Kill your Company

20-Minuten-Version

10 Minuten

Bilden Sie Dreier- oder Vierergruppen. Die Aufgabe lautet: Stellen Sie sich vor, Sie sind ein junges aggressives Start-up und mit beträchtlichen Mitteln ausgestattet. Ihr Ziel ist es, Ihre heutige Organisation aus dem Markt zu drängen. Wie gehen Sie das an? An welcher Stelle können Sie den Hebel ansetzen?

Lassen Sie die Ergebnisse kurz vorstellen.

Überlegen Sie in den einzelnen Gruppen weiter: Was und wen braucht es, um eine solche Bedrohung abzuwehren?

Experimente an sich selbst

Unsere Reaktionen und Verhaltensweisen sind das Ergebnis von Lernprozessen. Inzwischen laufen sie längst automatisch und unbewusst ab. Manchmal wäre aber auch eine andere Reaktion passender, doch das bemerkt man erst im Nachhinein.

Wie groß ist denn unser Verhaltensrepertoire? Probieren Sie doch mal was Neues aus und testen Sie mal, wie es sich anfühlt, ob es passt oder wirkt. Nehmen Sie sich doch mal vor, absurd, übertrieben, laut oder leise zu sein, eben genau das, was Sie sonst nicht machen. Vielleicht eröffnen sich da ganz neue Möglichkeiten.

„Nur durch ständiges Probieren gelangst du irgendwann zum Erfolg."

– Jaques Rouxel

- ***Welche Verhaltensweisen fallen mir schwer?***
- ***Was für ein anderes Verhalten könnte ich mal ausprobieren?***

Anwendung: Kleine Feedback-Runde

20-Minuten-Version

Bilden Sie Zweiergruppen. In jeder Gruppe sollen die Fragen 1 und 2 besprochen werden.

Nun soll jeder der Teilnehmer für seinen Gesprächspartner das Ergebnis zu Frage 2 auf einer Moderationskarte visualisieren oder notieren und ihm das Ergebnis als Erinnerungsstütze mitgeben.

10-Minuten-Version

Jeweils zwei Teilnehmer besprechen gemeinsam die These, dass man mit eigenen Verhaltensweisen absichtlich experimentieren kann, um seine persönlichen Grenzen zu erweitern.

OMG! – Das darf nicht wahr sein

Querköpfe und Andersdenkende konfrontieren uns mit Dingen, an die wir sonst nicht denken. Das ist erst mal unangenehm, kann aber auch zu einer echten Bereicherung und Erweiterung unseres Denkens führen.

Stellen Sie sich vor, eine berühmte Persönlichkeit begleitet Sie für einige Tage Schritt auf Schritt, egal, wohin Sie gehen. Egal, wo Sie hinkommen, alle schauen gespannt auf Ihre Begleitung und sind gespannt, wie die auf Ihr Verhalten reagiert.

- ***Welchen Querulanten-Promi würde ich meinem Sitznachbarn gern als Praktikant/in zuteilen, um ihn/sie mal so richtig aus der Spur zu bringen?***

Anwendung: Perspektivwechsel

15-Minuten-Version

3 Minuten: Jeweils zwei Teilnehmer bilden eine Kleingruppe. Die Teilnehmer teilen sich gegenseitig einen Promi zu (Greta Thunberg, Nelson Mandela, Donald Trump, Gandhi, ...)

12 Minuten: Nun unterhalten sie sich darüber, was der Promi-Praktikant/die Praktikantin wohl für Anmerkungen im Alltag machen würde.

10-Minuten-Version

2 Minuten: Jeweils zwei Teilnehmer bilden eine Kleingruppe. Die Teilnehmer überlegen sich einen Promi (Greta Thunberg, Nelson Mandela, Donald Trump, Ghandi, ...)

8 Minuten: Nun unterhalten sie sich darüber, was der Promi-Praktikant/die Praktikantin wohl für Anmerkungen im Alltag machen würde.

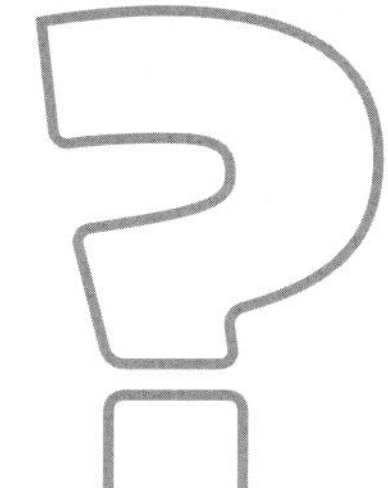

Die Unverschämtheit des Telefons

Klingelt das Telefon, geht man ran. Dafür muss man alles andere stehen und liegen lassen, egal, wer dran ist – egal, wie banal der Anruf sein mag. Die Priorisierung ist klar: „Alles andere ist wichtiger als das, was ich gerade mache."

Wenn ich eine wichtige Aufgabe erledigen will oder mich gerade um einen Kunden kümmere, dann gehe ich nicht ans Telefon. Manchmal ist mein Vorgesetzter allerdings noch unverschämter als das Telefon und ich muss alles stehen und liegen lassen wegen seiner Dringlichkeiten.

- ***Wie gehe ich mit der Zeiteinteilung und Priorisierung meiner Mitarbeiter/Kollegen um?***
- ***Wer verfügt über meine Zeit(-einteilung)?***
- ***Was für ein Verhalten wünsche ich mir von meinen Kollegen/ Vorgesetzten/Mitarbeitern hinsichtlich meiner Zeiteinteilung?***

Anwendung: Kontroverse

20-Minuten-Version

Bitten Sie zwei Teilnehmer, ein kleines Plädoyer zu halten, also eine ein- bis zweiminütige Rede.

Der erste Redner vertritt die Ansicht, dass ein Vorgesetzter jederzeit vom Mitarbeiter sofortige Arbeitsunterbrechung verlangen kann, egal für was.

Der zweite Redner vertritt die Ansicht, dass der Mitarbeiter über seine Zeiteinteilung und Prioritäten bestimmt und sich auch ein Vorgesetzter hintenanstellen sollte.

Nun sollen alle anderen Teilnehmer ein, zwei Sätze zu ihrem persönlichen Standpunkt mitteilen.

15-Minuten-Version

Teilen Sie die Gruppe in zwei etwa gleich große Gruppen.

- Gruppe 1 vertritt die Ansicht, dass ein Vorgesetzter jederzeit vom Mitarbeiter sofortige Arbeitsunterbrechung verlangen kann, egal für was.
- Gruppe 2 vertritt die Ansicht, dass der Mitarbeiter über seine Zeiteinteilung und Prioritäten bestimmt und sich auch ein Vorgesetzter hintenanstellen sollte.

Die beiden Gruppen diskutieren sachlich über die unterschiedlichen Standpunkte. Dabei sprechen die Gruppen immer abwechselnd – so, dass jeder Teilnehmer mindestens einmal zu Wort kommt.

Ressourcen & Respekt

Ressourcen braucht man auf und besorgt sich dann neue. Bei Humanressourcen funktioniert das allerdings nicht. Die wird man nicht los, obwohl sie nach sehr schlechter Behandlung nur noch zu vielleicht 30 Prozent funktionieren.

Respekt, Mitgefühl, Fürsorge sind nicht nur ethisch richtig, sondern bringen auch geschäftliche Vorteile.

- ***Wie fühle ich mich, wenn ich respektlos behandelt werde?***
- ***Wie gehe ich mit anderen Menschen um? Gefällt mir das? Gefällt ihnen das?***
- ***Wie zeigt sich ehrlicher Respekt im Alltag?***

Anwendung: Austausch

20-Minuten-Version

10 Minuten – Jeder tauscht sich mit dem Sitznachbarn zu Frage 1 aus.

10 Minuten – Sammeln Sie Antworten zu Frage 3 auf dem Flipchart.

15-Minuten-Version

Kurze Reflexionszeit für die einzelnen Teilnehmer zu Frage 1 und 2.

Sammeln Sie Antworten zu Frage 3 auf dem Flipchart.

Fehler sind menschlich

„Wer von euch ohne Fehler arbeitet, der werfe die erste Bemerkung!"

– Frei nach Johannes 8,7

- ***Welches Verhalten wünschen wir uns, wenn wir im Zentrum des Fehlergeschehens stehen?***
- ***Wie kann ich als Außenstehender verhindern, dass Bemerkungen an Köpfe geworfen werden?***

Anwendung: Offene Runde

20-Minuten-Version

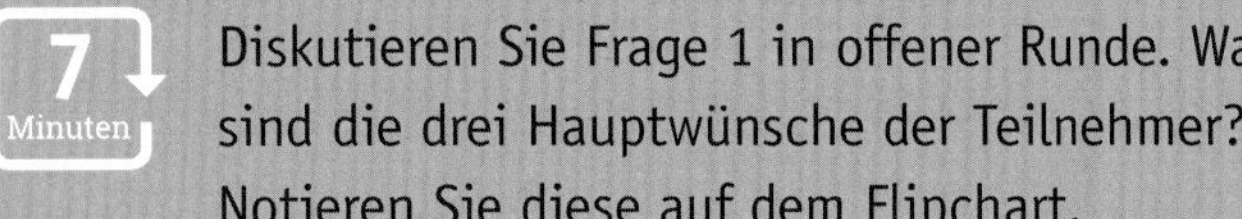

Diskutieren Sie Frage 1 in offener Runde. Was sind die drei Hauptwünsche der Teilnehmer? Notieren Sie diese auf dem Flipchart.

13 Minuten

Diskutieren Sie Frage 2 in offener Runde. Wie schafft man es als Außenstehender, üble Bemerkungen zu unterbinden? Welche Maßnahmen, Veränderungen, Regeln braucht es dafür?

10-Minuten-Version

Reihum soll jeder Teilnehmer ein einminütiges Statement zu den beiden Fragen abgeben.

Menschen nehmen, wie sie sind

„Wenn wir die Menschen nur nehmen, wie sie sind, so machen wir sie schlechter; wenn wir sie behandeln, als wären sie, was sie sein sollten, so bringen wir sie dahin, wohin sie zu bringen sind."

– Johann Wolfgang von Goethe

- ***Was können wir tun, um das Potenzial der Menschen um uns herum bestmöglich zu entfalten?***
- ***Wie kann ich unterstützen, um Entwicklung bestmöglich zu fördern?***

Anwendung: Perspektivwechsel

20-Minuten-Version

12 Minuten

Teilen Sie die Gruppe in Dreiergruppen. Teilen Sie der Hälfte der Gruppen Aufgabe A zu und der anderen Hälfte Aufgabe B. A: „Wie beantworten Sie die Fragen heute? Und wie wird man diese Fragen wohl in zehn Jahren beantworten?“ B: „Wie beantworten Sie die Fragen heute? Und wie hat man diese Fragen vor zehn Jahren beantwortet?“

8 Minuten

Lassen Sie die Ergebnisse vorstellen und diskutieren Sie gemeinsam das Zitat.

10-Minuten-Version

Sammeln Sie Statements zu den beiden Fragen.

Nun geben Sie noch folgende Frage dazu: „Wie wird man diese Fragen wohl in zehn Jahren beantworten?“

In Fehler-Haft

Passiert ein Fehler, bin ich von diesem Fehler komplett eingenommen. Der Fehler nimmt mein Gehirn und mein Denken in Haft – quasi in Fehler-Haft.

Klar muss man den Kopf dafür hinhalten, damit die Gitter entfernt werden können. In einer guten Fehlerkultur wird das unaufgeregt und gemeinsam durchgestanden. Da werden nur die Gitter und nicht gleich der ganze Kopf entfernt. Zudem kann jedem ein Fehler passieren und keiner will sich schämen müssen, sondern alle wollen schnelle und sachliche Hilfe bekommen.

- ***Wie sollen andere mit mir in dieser Situation umgehen?***
- ***Wie sollte man mit mir auf keinen Fall umgehen, wenn mir ein Fehler unterlaufen ist? Wie kriegt man mich zum Explodieren?***

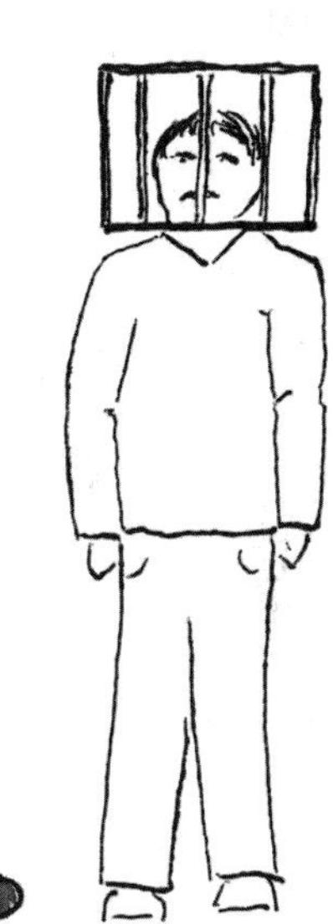

Anwendung: Galerie

20-Minuten-Version

10 Minuten

Jeder notiert seinen Namen und die Antworten zu den beiden Fragen gut leserlich auf einer Moderationskarte.

Galerie: Alle Karten werden an die Wand geklebt. Alle Teilnehmer gehen herum und lesen sich die Karten der anderen durch.

15-Minuten-Version

Jeder notiert die Antworten zu den beiden Fragen gut leserlich auf einer Moderationskarte.

Drei Teilnehmende stellen ihre Antworten vor.

Umgang miteinander

- ***Welche Umgangsformen/Umgangstöne kenne ich, wenn hier im Unternehmen Fehler oder schwierige Situationen angesprochen werden?***
- ***Welchem Ideal würde ich gerne einen Schritt näher kommen?***

Hier ist die HotLine der anonymen Choleriker. Bitte brüllen Sie ihre beschissene Nachricht nach der Beleidigung aufs Band und werfen Sie anschließend ihr Telefon an die Wand. Sie blöder Penner!

Anwendung: Große Runde

20-Minuten-Version

10 Minuten — Sammeln Sie in offener Runde Antworten zu Frage 1.

10 Minuten — Diskutieren Sie in der Runde: „Wie soll der Umgangston idealerweise sein? Was können Sie unternehmen, damit Sie Ihrem Ideal einen Schritt näher kommen?“

15-Minuten-Version

7 Minuten — Jeder Teilnehmer beantwortet für sich die beiden Fragen.

8 Minuten — Ein bis zwei Teilnehmer geben ein kurzes Statement: „Wie soll der Umgangston idealerweise sein? Was können Sie unternehmen, damit Sie Ihrem Ideal einen Schritt näher kommen?“

Schwäche oder Stärke?

Machst Du bitte ...
Am besten gleich.
Vergiss dabei nicht ...
Und denk an ...
Pass dabei auf, dass...

- ***Sehe ich eher die Schwächen im Gegenüber, oder vertraue ich auf Stärken und kann Eigen-Sinn akzeptieren?***
- ***Was für ein Gefühl/welche Arbeitsatmosphäre wird durch nebenstehende Arbeitsanweisung ausgelöst? Welche Auswirkungen hat das auf Vertrauen, Selbstbestimmung, unternehmerisches Denken, Motivation, Autonomie, ...?***
- ***Wie erhalte ich meine Aufgaben und Ziele am liebsten?***

Anwendung: Sammlung

20-Minuten-Version

13 Minuten

Sammeln Sie Antworten zu Frage 2 am Flipchart: Welche Auswirkungen hat die Fokussierung auf Schwächen in Bezug auf Vertrauen, Selbstbestimmung, unternehmerisches Denken, Motivation, Autonomie, ...?

7 Minuten

Jeder Teilnehmer gibt ein kurzes Statement zu Frage 3 ab.

15-Minuten-Version

10 Minuten

Jeweils zwei Teilnehmer besprechen die Fragen in der Zweiergruppe.

Jeder Teilnehmer gibt ein kurzes Statement ab.

Fehler offen ansprechen

Der Baron schießt auf der Fasanenjagd daneben.
Er wendet sich zu seinem Jäger: „Habe ich ihn verfehlt?“
Sagt der Jäger: „Herr Baron hatten entschieden, den Fasan zu begnadigen.“

- ***Können wir im Team offen und ehrlich miteinander sprechen?***
- ***Reden wir hierarchieübergreifend offen und ehrlich miteinander?***
- ***Was sagt uns das Ergebnis? Wo besteht Handlungsbedarf?***

Anwendung: Bestandsaufnahme punkten

20-Minuten-Version

3 Minuten

Teilen Sie an jeden Teilnehmer zwei Klebepunkte aus. Bereiten Sie auf einem Flipchart zwei Skalen von 1 bis 10 vor. Für Frage 1: „Offene Kommunikation im Team“ und für Frage 2: „Offene Kommunikation hierarchieübergreifend“.

Jeder TN notiert die Antwort zu den Fragen 1 und 2 mit einer Zahl zwischen 1 und 10 auf je einen Klebepunkt: 1 = „Wir reden gar nicht offen“; 10 = „Ich kann alles unmittelbar offen ansprechen, ohne zu beschönigen und ohne Angst“.

Nun kommen die Teilnehmer vor und kleben ihre Antworten auf die Skalen.

Stellen Sie Frage 3 in die Runde: „Was sagen uns die Zahlen? Wo besteht Handlungsbedarf?“

Verhalten und Logik

Mann: „Hallo Schatz, ich hatte einen schlimmen Autounfall. Totalschaden. Überall Blut. Die Feuerwehr hat mich befreit. Ich wurde vier Stunden im Krankenhaus behandelt. Nadine war so nett und hat mich nach der Behandlung nach Hause gefahren." – Frau: „Wer ist Nadine?"

„Menschen verhalten sich aus ihrer subjektiven Sicht absolut vernünftig – vor dem Hintergrund ihrer Wahrnehmung und Beurteilung der Realität und vor dem Hintergrund ihrer persönlichen Ziele und Werte, ihres Welt- und Menschenbilds und ihrer Interessen."*

- ***Bewerten wir ein Verhalten, so machen wir das oft aus unserer persönlichen subjektiven Sicht heraus.***
- ***Will ich ein Verhalten ändern, so sollte ich die individuelle Logik/die Rahmenbedingung dahinter verstehen und beeinflussen.***

* Winfried Berner (2012): Culture Change. Unternehmenskultur als Wettbewerbsvorteil. Schäffer-Poeschel, Stuttgart.

Anwendung: Offene Runde

20-Minuten-Version

10 Minuten

Fragen Sie in die offen Runde, ob einer der Teilnehmenden ein Beispiel zur These des individuellen logischen Verhaltens kennt und erzählen kann. Lassen Sie ein, zwei Beispiele in offener Runde erzählen.

Diskutieren Sie die Hypothese des individuellen logischen Verhaltens (Punkte 1 und 2).

15-Minuten-Version

Diskutieren Sie die Hypothese des individuellen logischen Verhaltens (Punkte 1 und 2).

The Business of Business is Business

Mit dem Know-how beschäftigt man sich jeden Tag. Aber was ist das Know-why?

- ***Was würde der Gesellschaft fehlen, wenn meine Organisation nicht das macht, was sie macht?***
- ***Was macht mich stolz, hier mitzuwirken?***
- ***Wie würde ein Werbeclip für mein Unternehmen aussehen, bei dem ich mit dem Sinn und Zweck meiner Organisation neue Mitarbeiter suche?***

Warum ich jongliere?

Na, damit nichts runterfällt!

Anwendung: Werbung

20-Minuten-Version

12 Minuten

Informieren Sie die Teilnehmer, dass es darum geht, einen Werbeclip, eine Zeitungsmeldung oder eine Radiowerbung zu erstellen und diese/n anschließend auch vorzuführen.
Mit der Werbung sollen sie neue Mitarbeiter suchen. Als Motivation sollen sie den Sinn und Zweck ihrer Organisation kommunizieren. Dazu besprechen Ihre TN in Dreier- oder Vierergruppen die Fragen und entwerfen den Clip.

8 Minuten

Danach spielt jede Gruppe ihren Clip vor.

15-Minuten-Version

10 Minuten

Informieren Sie die Teilnehmer, dass es darum geht, einen Werbeslogan (ein, zwei Sätze) zu erstellen und anschließend auch zu präsentieren. Mit der Werbung sollen sie neue Mitarbeiter suchen. Als Motivation sollen sie den Sinn und Zweck ihrer Organisation kommunizieren. Dazu besprechen Ihre TN in Zweier- oder Dreiergruppen die Fragen und entwerfen den Slogan.

Danach präsentiert jede Gruppe ihren Slogan.

Was machst du denn hier?

Warum bist du Lokführer geworden?

- Ich liebe große Maschinen.
- Ich reise gerne in der Welt herum.
- Ich trage gerne Verantwortung für andere Menschen.

Auch wenn wir im gleichen Zug mit demselben Ziel unterwegs sind, haben wir doch unterschiedliche Beweggründe, Ziele und Stärken.

- ***Was hat mich persönlich hier hingebracht?***
- ***Was fasziniert mich?***

Anwendung: Gemischtes Doppel

20-Minuten-Version

2 Minuten Lassen Sie die Plätze so tauschen, dass kein Teilnehmer mehr neben seinem gewohnten Sitznachbarn sitzt.

5 Minuten Jeder macht sich Stichworte zu den Fragen.

13 Minuten Jeder tauscht sich mit seinem neuen Sitznachbarn zu den Antworten aus.

15-Minuten-Version

5 Minuten Jeder macht sich Stichworte zu den Fragen.

10 Minuten Jeder tauscht sich mit seinem Sitznachbarn zu den Antworten aus.

An Bord pfeifen nur der Wind und der Kapitän

Früher verständigten sich die Seemänner mit Pfeifsignalen an Bord, damit die richtigen Segel zum richtigen Zeitpunkt gesetzt wurden. Deshalb galt die Regel: An Bord pfeifen nur der Wind und der Kapitän. Diese Regel gilt allerdings immer noch, sogar auf Kreuzfahrt- und Containerschiffen, wo es gar keine Segel mehr gibt.

Regeln, Strukturen und Prozesse werden aus gutem Grund eingeführt. Und irgendwann vielleicht ohne Grund weitergeführt.

- ***Welche Regeln hatten einmal einen wichtigen Grund, sind aber inzwischen eher kurios?***
- ***Wann habe ich selbst schon mal verblüfft „Warum denn das“ gefragt? Oder jemanden fragen hören?***
- ***Kenne ich die Gründe für alle Regeln, die ich befolgen soll?***

Anwendung: Austausch

20-Minuten-Version

Jeweils zwei Teilnehmer besprechen miteinander die Fragen.

Lassen Sie reihum jede Kleingruppe ihre Ergebnisse mitteilen.

15-Minuten-Version

Sammeln Sie Beispiele zu den Fragen in offener Runde. Fordern Sie auch explizit dazu auf, dass man nach Gründen für bestimmte Regeln fragt.

Sinn versus Fehler

Mein Englischlehrer hat nie verstanden, dass es bei Sprache um die Weitergabe von Informationen geht. Er dachte, es geht darum, keine Fehler zu machen. Damit hat er bei uns Hemmungen aufgebaut und allen Spaß verdorben. Nach dem Abi konnte ich nicht mal mehr nach dem Weg zum Bahnhof fragen.

Der eigentliche Sinn wird in einer Null-Fehler-Kultur leicht vergessen.

- ***An welchen Stellen könnten wir mehr erreichen, wenn wir uns mehr auf Sinn und weniger auf Fehlervermeidung fokussieren?***
- ***Wie kann ich den Sinn weiter ins Bewusstsein bringen?***
- ***Wo werde ich von Kollegen oder Führungskräften gehemmt, weil diese nur auf die Fehlerfreiheit achten statt auf den Sinn meiner Arbeit?***

Anwendung: Kleingruppe

20-Minuten-Version

15 Minuten

Die Teilnehmer besprechen in Dreiergruppen Fragen 1-3.

Jede Gruppe soll in offener Runde ein Statement oder einen interessanten Gedanken aus der Gruppenarbeit mitteilen.

15-Minuten-Version

Die Teilnehmer besprechen mit ihrem Sitznachbarn die Fragen 1 und 2.

Freiheit von und zu

Es reicht nicht, frei von Fehlern zu sein. Man muss auch wissen, wozu.

- ***Warum tue ich das, was ich tue?***
- ***Was ist Sinn und Ziel meiner Arbeit?***
- ***Was ist das Bestmögliche, das ich erreichen kann?***

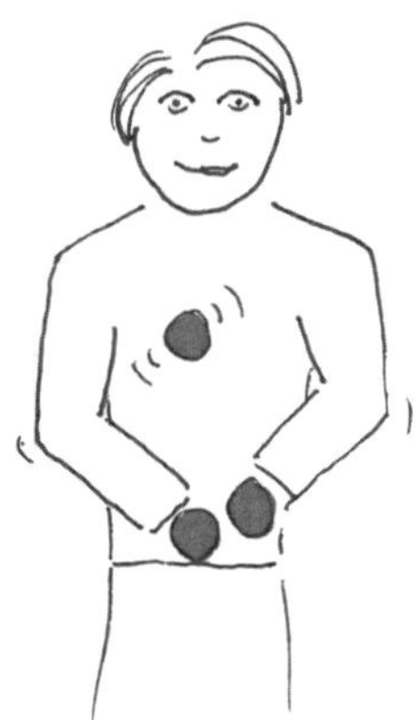

Anwendung: 3 x „Warum“

20-Minuten-Version

10 Minuten

Jeweils zwei Teilnehmer tun sich zusammen. Einer berichtet, was Sinn und Zweck seiner Arbeit ist. Der andere hakt nach: „Warum?“ – Nach der nächsten Antwort wieder: „Warum?“ – Und dann noch ein drittes Mal: „Warum?“

10 Minuten

Nun tauschen die beiden die Rollen.

15-Minuten-Version

Jeweils zwei Teilnehmer tauschen sich zum Sinn ihrer Arbeit aus. Dabei hinterfragen sie ihre eigenen Antworten immer wieder mit „Warum?“.

Sinnvolle Vorschrift?

Je mehr Vorschriften es gibt, desto mehr kann man Dienst nach Vorschrift machen.
Je mehr Sinn es gibt, desto mehr sinnvolle Arbeit ist möglich.

- ***Was ist der Sinn meiner Abteilung, meines Arbeitsplatzes, meines Teams (bzw. der Aufgabe im Gesamtzusammenhang)?***
- ***Wann laufen Sinn und Vorschriften nicht Hand in Hand? Welchen Einfluss haben dabei Orientierung, Entscheidungen, Führung, Hierarchie, Qualifikation, Legitimation?***

Anwendung: Murmelgruppe

20-Minuten-Version

Die Teilnehmer besprechen Fragen 1 und 2 mit ihren Sitznachbarn in kleiner Gruppe und notieren die Antworten für sich.

Dann stellt jedes Team seine Ergebnisse vor.

15-Minuten-Version

Die Teilnehmer besprechen mit ihren Sitznachbarn Frage 2 und notieren die Antworten für sich.

Dann stellt jedes Team seine Ergebnisse in maximal einer Minute vor.

Feuchter Kehricht

In unserer Kultur werden bei und nach Schwierigkeiten gerne neue Regeln erlassen, „damit das nicht noch mal passiert". Für alles gibt es inzwischen Regeln. Regeln sind damit aber immer aus vergangenen Situationen entstanden und auf zukünftige Herausforderungen nur bedingt übertragbar. Regeln werden oft unüberlegt befolgt und müssen aufwendig recherchiert und kontrolliert werden. Das kostet Zeit, Geld und Nerven.

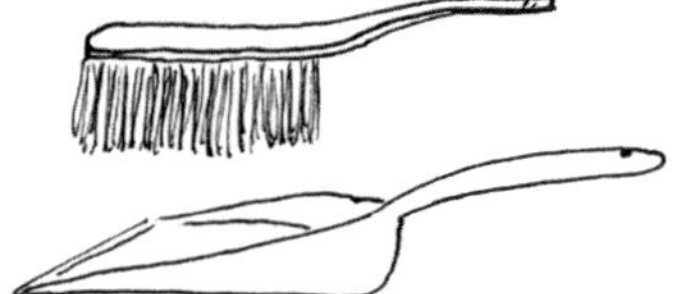

Wurde jemals eine Regel wieder abgeschafft?

- ***Welche Regeln rauben mir Zeit, Geld und Nerven?***
- ***Welche Regel könnte abgeschafft werden oder zu einem Prinzip umformuliert werden?***

Anwendung: Offene Runde

20-Minuten-Version

Jeder Teilnehmer macht sich Notizen zu Frage 1 und berät sich ggf. mit dem Sitznachbarn.

Lassen Sie einige Teilnehmer der Gruppe ihre Antworten zu Frage 1 mitteilen.

Tauschen Sie sich in offener Runde zu Frage 2 aus.

10-Minuten-Version

Besprechen Sie die Fragen 1 und 2 in offener Runde.

Der Ton macht die Musik

Unhöflichkeit ist hochgradig ansteckend. Personen, die unhöflich behandelt werden, neigen dazu, sich selbst auch unhöflicher zu verhalten. Das Problem ist, dass man es situativ hinnimmt und damit eine Spirale der Unhöflichkeit in Gang setzt. Aber Unhöflichkeit hat einen unglaublich starken negativen Effekt auf unseren Arbeitsplatz.*

Konfuzius hingegen sagt: „Jedes Lächeln kommt zweimal zurück."

- ***In welche Richtung soll sich meine Arbeitsatmosphäre entwickeln?***
- ***Welche Möglichkeiten gibt es, (hierarchieübergreifend) den Umgangston in die gewünschte Richtung zu verändern?***

Sie befinden sich hier.

* Catching rudeness is like catching a cold: The contagion effects of low-intensity negative behaviors. Foulk, Trevor, Woolum, Andrew & Erez, Amir: Journal of Applied Psychology, Vol 101(1), Jan 2016, 50-67.

Anwendung: Punkten

20-Minuten-Version

Vorbereitung: Geben Sie jedem Teilnehmer einen roten und einen grünen Klebepunkt. Zeichnen Sie eine Skala von 0 bis 10 auf das Flipchart. 0 bedeutet extrem unhöflich – 10 bedeutet extrem höflich. Rote Punkte stehen für den Ist-Zustand des Umgangstons, grüne Punkte stehen für den gewünschten Umgangston. Jeder Teilnehmer schreibt am Platz eine Zahl auf seine Klebepunkte. Dann kommen alle nach vorne und kleben ihre Punkte auf der Skala entsprechend an.

In offener Runde: Sammeln sie auf dem Flipchart Ideen zu Frage 2.

15-Minuten-Version

Vorbereitung: Geben Sie jedem Teilnehmer einen roten und einen grünen Klebepunkt. Zeichnen Sie eine Skala von 0 bis 10 auf das Flipchart. 0 bedeutet extrem unhöflich – 10 bedeutet extrem höflich. Rote Punkte stehen für den Ist-Zustand des Umgangstons, grüne Punkte stehen für den gewünschten Umgangston. Jeder Teilnehmer schreibt am Platz eine Zahl auf seine Klebepunkte. Dann kommen alle nach vorne und kleben ihre Punkte auf der Skala entsprechend an.

In offener Runde: Sammeln sie auf dem Flipchart Ideen zu Frage 2.

Verbinden oder distanzieren?

Macht ein Mensch einen Fehler, müssen wir uns entscheiden:
Gehen wir auf ihn zu oder distanzieren wir uns?

- ***Was sind Verhaltensweisen, die verbinden? Welche Verhaltensweisen distanzieren?***
- ***Welches Verhalten entspricht meiner Idealvorstellung?***

Anwendung: Persönliches Ziel

20-Minuten-Version

Jeweils drei Teilnehmer, die nebeneinander sitzen, tauschen sich zu Frage 1 aus und notieren jeweils drei bis fünf Stichworte auf Moderationskarten.

Bereiten Sie währenddessen auf einer Pinnwand zwei Spalten vor: „Verbindendes Verhalten von Fehlern“ und „Distanzierendes Verhalten bei Fehlern“. Lassen Sie nacheinander alle Gruppen die Ergebnisse an der Pinnwand präsentieren. Die Antworten sollen dabei sofort zu Themenclustern zusammengesteckt werden.

Jeder Teilnehmer gibt ein Statement zu Frage 2.

15-Minuten-Version

Bereiten Sie ein Flipchart mit zwei Spalten vor: „Verbindendes Verhalten bei Fehlern“ und „Distanzierendes Verhalten bei Fehlern“. Sammeln Sie Antworten zu Frage 1 aus der offenen Runde.

Jeder Teilnehmer gibt ein Statement zu Frage 2.

Befehlen oder nachfragen

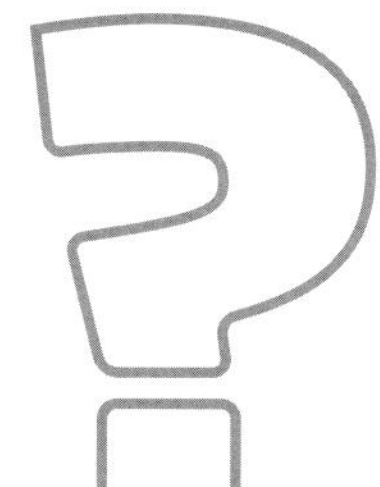

Motivation, soziale Einbindung, Kompetenz und Autonomie werden gefördert durch Respectful Inquiry,* also durch das Stellen offener Fragen und das tatsächliche Anhören der Antworten. Das gilt sogar besonders,

- wenn Zeitdruck herrscht,
- wenn die Aufgaben vielfältig und komplex sind,
- wenn ein Mitarbeiter gerade nicht motiviert ist.

▶ ***Wohin tendiert mein Kommunikationsstil unter Zeitdruck?***

▶ ***Wie möchte ich selbst gerne angesprochen werden?***

▶ ***Was sind Herausforderungen dabei?***

* Quelle: Niels Van Quaquebeke & Will Felps (2016): Respectful Inquiry. A motivational account of leading through asking open questions and listening. Academy of Management Review, published online before print July 12, 2016.

Anwendung: Murmelgruppe

20-Minuten-Version

Jeweils zwei Teilnehmer tauschen sich aus zur These des Respectful Inquirys.

Unterbrechen Sie die Murmelgruppen und holen Sie zwei, drei Statements zu diesem Thema aus der offenen Runde.

15-Minuten-Version

Suchen Sie zwei Teilnehmer, die bereit sind, eine ein -bis zweiminütige Rede zu halten. Der erste soll sich klar für Befehle und klare Ansagen in der Kommunikation aussprechen, der zweite befürwortet das Stellen offener Fragen und das wirkliche Anhören der Antworten (Respectful Inquiry).

Sammeln Sie dann in offener Runde Statements/Anmerkungen/Antworten zu Frage 3.

Das wurde kommuniziert ...

... und mehr braucht man dazu nicht zu sagen. Oder?

▶ ***Was ist der Unterschied zwischen „Das wurde kommuniziert" und „Darüber haben wir uns unterhalten"?***

Mensch Meier, Sie Idiot! Das wurde doch kommuniziert. Lesen Sie doch mal unser Leitbild. Da steht drin, wie wir zusammenarbeiten: Respektvoll, wertschätzend, bla, bla, bla. Und jetzt raus aus meinem Büro, Sie Depp.

Anwendung: Kleingruppe

20-Minuten-Version

10 Minuten

Jeweils zwei Teilnehmer sprechen über die Frage und notieren die Unterschiede zwischen „Sich unterhalten“ und „Etwas kommunizieren“ auf Moderationskarten.

Jede Kleingruppe pinnt ihre Karten an die Pinnwand und erläutert sie.

15-Minuten-Version

Sammeln Sie am Flipchart in einer Tabelle die Unterschiede zwischen „Sich unterhalten“ und „Etwas kommunizieren“.

Ein Unglück kommt selten allein

Ein Unglück kommt selten allein. Aufregen, cholerische Reaktion, Vorwürfe kommen oft hinterher. Aber verändert das etwas? Wie beeinflusst dieses Verhalten die Situation?

- ***Die Situation wird entspannter, wenn jemand ausrastet.***
- ***Die Arbeitsatmosphäre verbessert sich.***
- ***Sie machen in Zukunft weniger Fehler, weil Ihr Kollege/ Ihr Vorgesetzter Sie anschreit.***
- ***Ohne Ausrasten und Sanktionen würden die anderen ihre Fehler wiederholen.***

- ***Wenn man sich für einen Fehler entschuldigt, sollte man sich für fehlerhaftes, unkonstruktives Verhalten ebenfalls entschuldigen?***

Anwendung: Abstimmung

20-Minuten-Version

Geben Sie jedem Teilnehmer eine grüne und eine rote Moderationskarte: Grün = „Stimmt", Rot = „Stimmt nicht".

Stellen Sie die erste Frage. Jeder der Teilnehmer soll als Antwort auf die Frage die entsprechende Karte heben. Sind sich die Teilnehmer einig? Falls ein Teilnehmer anders als die Mehrheit abstimmt, soll er seine Entscheidung bitte begründen. Nun stellen Sie die zweite, dritte und vierte Frage genauso.

Anschließend gehen Sie für die letzte Frage in eine offene Diskussion.

10-Minuten-Version

Geben Sie jedem Teilnehmer eine grüne und eine rote Moderationskarte: Grün = „Stimmt", Rot = „Stimmt nicht".

Stellen Sie die erste Frage. Jeder der Teilnehmer soll als Antwort die entsprechende Karte heben. Nun stellen Sie die zweite, dritte und vierte Frage genauso.

Sammeln Sie zwei bis drei Statements zur letzten Frage.

Über was reden wir hier eigentlich?

Eine Kellnerin kommt auf die Terrasse. „Sieht nach Regen aus“, sagt sie, als sie den Kaffee auf den Tisch stellt. Antwortet der Kunde: „Ja, aber wenn man genau hinschaut, sieht man, dass es Kaffee sein soll.“

Ein Witz ist oft nur deshalb witzig, weil man erst im Nachhinein versteht, dass man über verschiedene Dinge gesprochen hat. Im Alltag geht man gerade bei einem schnellen Zuruf davon aus, dass eigentlich klar sei, worüber man spricht. Aber ist das immer so?

- ***Wann habe ich schon erlebt, dass ich nicht wusste, worauf sich eine Information bezieht?***
- ***Was für ein Miteinander braucht es, damit man schnell, zeitnah und unkompliziert nachfragen kann?***

Anwendung: Murmelgruppe

20-Minuten-Version

15 Minuten

Lassen Sie die Teilnehmer sich mit ihren Sitznachbarn zu den Fragen 1 und 2 austauschen. Bitte beziehen Sie hier auch das Gespräch/den Zuruf über Hierarchiegrenzen hinweg mit ein.

5 Minuten

Beenden Sie die Murmelgruppen und holen Sie zwei, drei Statements zu Frage 2 aus der offenen Runde ein.

10-Minuten-Version

10 Minuten

Besprechen Sie die Frage 2 in der offenen Runde.

Zweifelhafter Humor

Humor ist wie Stille Post – kommt immer wieder anders an, als man denkt.
„Oh sorry, das war nur ein Scherz, war nicht so gemeint, das wissen Sie doch, oder?" Lustig gemeint ist nicht lustig. Schlechte Scherze, Witze oder Sticheleien sind die Grauzone zum Mobbing. Frotzeleien gehören ausschließlich unter Freunde, da, wo sie auf Gegenseitigkeit beruhen. Ist das nicht der Fall, sind sie verletzend. Besonders gefährlich wird es, wenn der Chef „lustig" sein will.

- ***Wie oft gibt es in meinem Arbeitsbereich Sticheleien, Frotzeleien, unangebrachte Bemerkungen, Witze auf Kosten anderer?***
- ***Wie empfinde ich das persönlich?***
- ***Was kann ich persönlich dafür tun, dass sich in diesem/meinem Team alle wohlfühlen?***

Anwendung: Punkten

20-Minuten-Version

2 Minuten

Vorbereitung: Erstellen Sie auf einem Flipchart zwei Skalen von eins bis zehn für die Fragen 1 und 2. Frage 1: „Ist-Zustand Sticheleien/Frotzeleien“: 1 = „Hier wird nicht gefrotzelt/gestichelt“, 10 = „Hier wird täglich gefrotzelt/gewitzelt“. Frage 2: „Ich finde ich das ...“: 1 = „Schlecht“, 10 = „Prima“. Geben Sie jedem Teilnehmer zwei Klebepunkte. Jeder soll auf den einen Punkt die Antwort auf Frage 1 notieren und auf den anderen die Antwort zu Frage 2 (jeweils Zahl zwischen 1 und 10).

2 Minuten

Alle kommen nach vorne und kleben ihre Punkte auf das Flipchart.

Jeweils drei Teilnehmer sprechen über die Ergebnisse und diskutieren Frage 3.

Ein Teilnehmer aus jeder Kleingruppe gibt ein Statement zu ihren Ergebnissen.

15-Minuten-Version

Vorbereitung: Erstellen Sie auf einem Flipchart zwei Skalen wie nebenan dargestellt. Geben Sie jedem Teilnehmer zwei Klebepunkte. Jeder soll auf den einen Klebepunkt die Antwort auf Frage 1 notieren und auf den anderen die Antwort zu Frage 2 (jeweils Zahl zwischen 1 und 10).

Alle kleben ihre Punkte auf das Flipchart.

Sammeln Sie zwei, drei Statements zu Frage 3.

Das sind Dinge ...

„Das sind Dinge, von denen ich gar nichts wissen will."

– Die Ärzte

Es ist normal und notwendig, auch über abwesende Personen und deren Aktivitäten zu sprechen. Die Grenzen zum Tratschen oder Lästern wird dabei oft unbemerkt überschritten. Auch der Übergang vom Lästern zum Mobbing ist fließend.

Wer vor oder mit Ihnen über andere lästert, der wird hinter Ihrem Rücken auch über Sie selbst lästern.

- ***Welche Form des Miteinanders wünsche ich mir am Arbeitsplatz?***
- ***Wie fühle ich mich als Zeuge von Lästereien?***
- ***(Wie) gehe ich dagegen vor?***

Anwendung: Best Practice

20-Minuten-Version

10 Minuten — Frage 1 und 2 werden mit dem Sitznachbarn besprochen.

10 Minuten — Sammeln Sie Best-Practice-Beispiele zu Frage 3 in offener Runde.

15-Minuten-Version

15 Minuten — Reihum soll jeder Teilnehmer in etwa einer Minute seine persönliche Einstellung dazu mitteilen.

Enttäuschung & Fehlverhalten setzt Erwartung voraus

„Das ist doch selbstverständlich! Also, dass wir jetzt darüber tatsächlich sprechen müssen …“
Klären Sie Ihre Erwartungshaltung lieber, bevor sie enttäuscht wird:

- ***Was ist die angemessene Zeit zum Antworten bei Nutzung von a) Telefon, b) Messagingsystemen, c) E-Mails?***
- ***Wie viel zu spät darf man bei d) Meetings, e) Telefonkonferenzen sein?***
- ***Wie oft darf man während eines f) Meetings auf sein Handy schauen?***

Anwendung: Sammeln

20-Minuten-Version

Vorbereitung: Bereiten Sie das Flipchart so vor, dass Sie die Antworten aller Teilnehmer zu allen Fragen – (a bis f) – darstellen können. Geben Sie jedem Teilnehmer eine Moderationskarte.

Jeder Teilnehmer schreibt zu allen Fragen den jeweiligen Buchstaben und seine Erwartung als Antwort auf eine Moderationskarte.

Sammeln Sie die Moderationskarten ein, geben Sie sie jemandem, der Ihnen die Antworten strukturiert vorliest und notieren Sie die Antworten auf dem Flipchart.

Sammeln Sie Statements zu den Ergebnissen in offener Runde.

10-Minuten-Version

Vorbereitung: Bereiten Sie das Flipchart so vor, dass Sie die Antworten aller Teilnehmer zu allen Fragen – (a bis f) – darstellen können. Geben Sie jedem Teilnehmer eine Moderationskarte.

Jeder Teilnehmer schreibt zu allen Fragen den jeweiligen Buchstaben und seine Erwartung als Antwort auf eine Moderationskarte.

Sammeln Sie die Moderationskarten ein, geben Sie sie jemandem, der Ihnen die Antworten strukturiert vorliest und notieren Sie die Antworten auf dem Flipchart.

Der Kritikpunkt

Das nebenstehende Blatt stellt Ihr gesamtes Auftreten und Verhalten dar. Alles um den Punkt herum ist voller positiver Eigenschaften, Verhaltensweisen und Charakterzüge, die Ihr Gegenüber zu schätzen weiß. Aber es gibt auch einen Kritikpunkt.

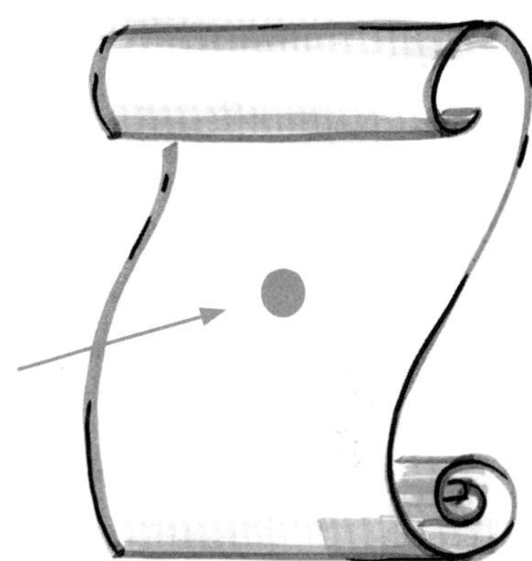

Wenn Sie nun auf diesen Punkt angesprochen werden, dann seien Sie sich bewusst, dass es nur um diesen einen Punkt geht – es wird nur der Punkt kritisiert und nicht der ganze Mensch mit all seinem Verhalten.

Das Kritikgespräch ist der Wunsch, dass dieser Punkt bearbeitet wird, nicht, dass sich der ganze Mensch verändert.

Nutzen Sie diese Visualisierung bei Ihrem nächsten Gespräch.

(Diese Methode wurde von Yana Gebhardt entwickelt)

Anwendung: Kreisgespräch

15-Minuten-Version

Stellen Sie folgende Frage in die Runde: Könnte diese Visualisierung als Start bei Kritikgesprächen hilfreich sein?

Geben Sie jedem Teilnehmer eine Moderationskarte, auf die er/sie einen Punkt malen kann. Die Teilnehmer sollen die Kritikpunktkarte mitnehmen und sichtbar für ihre nächsten Kritikgespräche platzieren.

5-Minuten-Version

Bereiten Sie für jeden Teilnehmer eine Moderationskarte mit Punkt darauf vor und verteilen Sie diese.

Zwei oder drei Teilnehmer sollen eine erste Einschätzung dazu geben, inwiefern diese Herangehensweise hilfreich sein könnte.

Gleiches Maß

Vater und Sohn gehen spazieren. Der Sohn tritt auf eine Biene und lacht. Der Vater ist empört: „Du hast eine Biene getötet. Zur Strafe darfst du einen Monat keinen Honig essen."

Am Tag danach überfährt der Vater mit dem Auto ein kleines Vögelchen. Sagt der Sohn: „Soll ich es Mama sagen oder machst du es selbst?"

- ***Gilt bei uns gleiches Maß für alle? Sind manche vielleicht gleicher als andere?***
- ***Sind wir hierarchieübergreifend und interdisziplinär immer gleich fair?***

Anwendung: Geheime Abstimmung

20-Minuten-Version

3 Minuten

Geheime Abstimmung zu Frage 1: Geben Sie jedem Teilnehmer einen Klebepunkt. Jeder soll seine Antwort als eine Zahl von 1 bis 10 auf den Punkt schreiben. 1 bedeutet: „Alle sind gleich/Gleiches Maß für alle." 10 bedeutet: „Es gibt verschiedenes Maß für verschiedene Hierarchien/Personen."

3 Minuten

Bereiten Sie währenddessen eine entsprechende Skala auf dem Flipchart vor. Sammeln Sie alle Klebepunkte ein und kleben Sie diese dann entsprechend auf das Flipchart.

14 Minuten

Frage in die Runde: „Was für Schlüsse ziehen Sie aus diesem Ergebnis? Was können wir unternehmen, um unserem Idealbild näher zu kommen?"

10-Minuten-Version

3 Minuten

Geheime Abstimmung zu Frage 1: Geben Sie jedem Teilnehmer einen Klebepunkt. Jeder soll eine Zahl von 1 bis 10 auf den Punkt schreiben. 1 bedeutet: „Alle sind gleich/Gleiches Maß für alle." 10 bedeutet: „Es gibt verschiedenes Maß für verschiedene Hierarchien/Personen."

3 Minuten

Bereiten Sie währenddessen eine entsprechende Skala auf dem Flipchart vor. Sammeln Sie alle Klebepunkte ein und kleben Sie diese dann entsprechend auf das Flipchart.

4 Minuten

Sammeln Sie zu dem Ergebnis drei Stellungnahmen ein.

Lass mich doch in Ruhe

Ein Mobbing-Fall kostet pro Jahr ca. 60.000 Euro. Unverarbeitete Konflikte kosten pro 100 Mitarbeiter etwa 80.000 Euro pro Jahr.*

Konflikte gehören zum Alltag. Auslöser sind Kleinigkeiten, Missverständnisse, unterschiedliche Sicht-, Arbeits- oder Lebensweisen. Wenn dann noch Emotionen dazukommen, kann ein Konflikt entstehen.

- ***Wie steht es um die Konfliktkultur in meiner Organisation?***
- ***Wie manage ich Konflikte?***
- ***Was nutze ich aus meiner Toolbox? Einen Gesprächsleitfaden? Strukturen? Externe Hilfe?***

*Konfliktkostenstudie der KPMG 2009.

Anwendung: Austausch

20-Minuten-Version

5 Minuten

Erklären Sie die Längsseite des Raumes zu einer Skala von 1 bis 6. Die Zahlen stellen Schulnoten dar. Nun sollen sich die Teilnehmer auf der Skala aufstellen zu der Frage: „Wie gut können Sie Konflikte Ihrer Mitarbeiter/Kollegen ansprechen und zur Lösung beitragen?"

15 Minuten

Fragen Sie die Leute, die sich die besten Noten geben, nach einer Antwort zu Frage 3.

15-Minuten-Version

10 Minuten

Jeweils zwei Teilnehmer besprechen die drei Fragen miteinander.

Stellen Sie Frage 3 in die gesamte Runde. Was für Lösungsansätze/Methoden gibt es?

Klare Ansage

Gedacht	ist nicht	gesagt.
Gesagt	ist nicht	gehört.
Gehört	ist nicht	verstanden.
Verstanden	ist nicht	akzeptiert.
Akzeptiert	ist nicht	umgesetzt.

– nach Konrad Lorenz

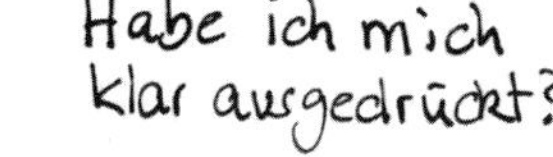

- ***Auf welcher Ebene entstehen bei mir vermutlich die Missverständnisse?***
- ***Wann bemerkt man ein Missverständnis?***
- ***Welche Nachfrage ist zielführender als die im Bild?***

Anwendung: Erfahrungsaustausch

20-Minuten-Version

15 Minuten

Jeweils zwei oder drei Teilnehmer tauschen sich untereinander zu den Fragen aus.

Sammeln Sie Antworten zu Frage 3 in offener Runde.

15-Minuten-Version

Jeweils drei Teilnehmer tauschen sich zu den Fragen aus.

Gut gemeint oder gut gemacht?

Übergangen zu werden, nicht gehört und gesehen zu werden, macht unzufrieden. Dabei könnte es doch so einfach sein. Oder?

- ***Wer sollte an welcher Entscheidung beteiligt sein?***
- ***Was sind die Chancen der Partizipation?***
  Was ist der Preis der Nicht-Miteinbeziehung?
- ***Braucht es für die Zukunft meiner Organisation eher mehr oder weniger Partizipation?***

Anwendung: Diskussionsrunde

20-Minuten-Version

2 Minuten — Lassen Sie die Teilnehmer laut durchzählen: 1, 2, 3, 4, ...

16 Minuten — Alle, die eine ungerade Zahl haben, sprechen für mehr Partizipation, die mit den geraden Zahlen sprechen für weniger Miteinbeziehung. Lassen Sie die Teilnehmer diskutieren – allerdings immer der Reihe nach. Also, erst spricht 1, dann 2, dann 3, dann 4, ... Jeder einzelne Redebeitrag sollte maximal eine Minute dauern.

2 Minuten — Lassen Sie zu Frage 3 abstimmen.

10-Minuten-Version

8 Minuten — Bestimmen Sie zwei Teilnehmer, z.B. der erste und der letzte Nachname im Alphabet. Der erste hält ein kurzes (ein bis zwei Minuten dauerndes) Plädoyer für mehr Partizipation im Unternehmen. Der zweite hält ein Plädoyer für weniger Miteinbeziehung.

2 Minuten — Lassen Sie zu Frage 3 abstimmen.

Risiken

„Wer nie einen Fehler macht, macht wahrscheinlich sowieso nicht viel.“*

– Paul Arden

Jede Entscheidung impliziert das Risiko des Scheiterns.

- ***Wie entscheidungsfreudig/risikovermeidend sind wir hier?***
- ***Sind wir damit gut aufgestellt für die Zukunft?***

*Quelle: Arden, Paul (2015): Es kommt nicht darauf an, wer Du bist, sondern wer Du sein willst. Phaidon Verlag, Berlin.

Anwendung: Aufstellen/Punkten

20-Minuten-Version

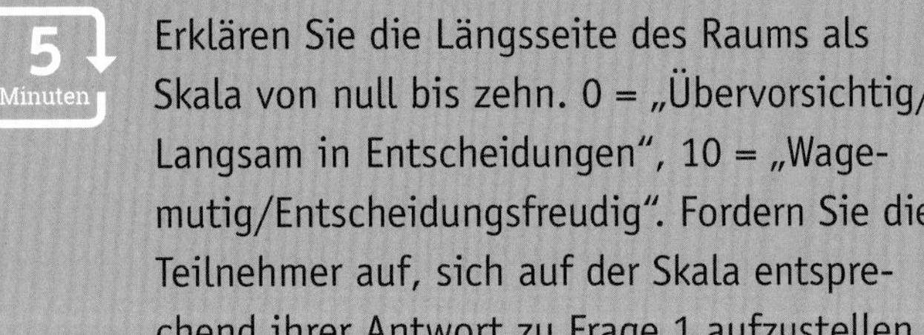

Erklären Sie die Längsseite des Raums als Skala von null bis zehn. 0 = „Übervorsichtig/Langsam in Entscheidungen", 10 = „Wagemutig/Entscheidungsfreudig". Fordern Sie die Teilnehmer auf, sich auf der Skala entsprechend ihrer Antwort zu Frage 1 aufzustellen.

15 Minuten

Gehen Sie an der Skala entlang und holen Sie von jedem Teilnehmer ein kurzes Statement ein,

- warum er/sie sich gerade da hingestellt hat
- und ob er/sie meint, dass wir damit gut für die Zukunft aufgestellt sind.

15-Minuten-Version

Geben Sie jedem Teilnehmer einen Klebepunkt. Zeichnen Sie eine Skala von null bis zehn auf das Flipchart.
0 = Übervorsichtig/Langsam in Entscheidungen.
10 = Wagemutig/Entscheidungsfreudig.

Jeder Teilnehmer soll an seinem Platz eine Zahl auf seinen Punkt schreiben. Dann stehen alle auf und kleben den Punkt an die entsprechende Stelle der Skala.

Reihum gibt jeder Teilnehmer ein kurzes Statement zu Frage 2.

Die Null-Risiko-Illusion

Risiken werden oft falsch eingeschätzt. Ein Beispiel: Im Jahr 2018 ereigneten sich 2,6 Unfälle pro 1 Million Flüge. Allerdings haben ca. 15 Prozent der Deutschen Angst vor dem Fliegen. Wäre die Angst faktenbasiert, müssten pro Jahr 150.000 Flugunfälle passieren.* Sprechen wir über Risiken, müssen wir uns deshalb immer wieder auf den Boden der Tatsachen holen und uns fragen: „Wie groß ist das Risiko wirklich?“

- ***Mit welchen wirklichen Risiken haben wir in unserem Alltag zu tun?***
- ***Meine Einschätzung: Welche Risiken werden von mir über- oder sogar unterschätzt?***

Ich kann den Ball nicht einfach abwerfen. Die Verletzungsgefahr ist viel zu hoch. Fällt er auf meinen Fuß, erschrecke ich mich, ziehe den Fuß weg, verliere das Gleichgewicht und falle in den Glastisch. Wenn Rettung kommt, rutschen die auf umherliegenden Bällen aus und landen auch im Scherbenhaufen.

Werfe ich den Ball ab, gefährde ich mehrere Menschenleben. Jonglieren ist viel zu gefährlich. Warum ist das eigentlich noch nicht verboten?

*Quelle: Statistika.com – Unfallrate in der weltweiten kommerziellen Luftfahrt im Zeitraum der Jahre 2014 bis 2018 (in Unfällen pro eine Millionen Abflüge).

Anwendung: Murmelgruppe

20-Minuten-Version

Bilden Sie Zweier- oder maximal Dreiergruppen. Jede Gruppe beantwortet die beiden Fragen für sich und notiert die Ergebnisse.

Jede Gruppe präsentiert ihre Antworten.

10-Minuten-Version

Stellen Sie die beiden Fragen in die offene Runde und sammeln Sie Statements dazu ein.

Entscheidungsfindung

Einbeziehungen in Entscheidungen erhöhen die Akzeptanz und die Motivation, bringen neue Perspektiven, Optionen und Fachkompetenzen ein, berücksichtigen Komplexität besser, reduzieren Konfliktwahrscheinlichkeit, dauern aber länger und erfordern Methode. Einzelentscheidungen gehen schneller, verlassen sich auf gemachte Erfahrungen, man muss nicht den ganzen Kontext erklären. Nicht alle Themen müssen basisdemokratisch besprochen werden.

1. Führungskraft (FK) entscheidet alles – und informiert nur.
2. FK entscheidet, wie etwas gemacht wird – und bespricht nur, wer was wann macht.
3. FK entscheidet, was gemacht werden soll – und holt Ideen ein, wie man das machen kann.
4. FK entscheidet, dass was gemacht werden soll – und bespricht, was genau.
5. FK entscheidet nichts – und lässt die Betroffen selbst entscheiden.

- ***Wenn ich in der Hierarchie nach oben und unten blicke, wünsche ich mir eher mehr oder weniger Beteiligung?***
- ***Was macht es für mich herausfordernd, Mitarbeiter einzubeziehen?***
- ***Habe ich ein Best-Practice-Beispiel?***

Anwendung: Abstimmung

20-Minuten-Version

2 Minuten — Lassen Sie per Handzeichen abstimmen: „Wenn Sie in der Hierarchie nach oben blicken, also an Ihre Vorgesetzten denken, wünschten Sie sich dann eher mehr Einbeziehung in Entscheidungen?“

2 Minuten — (Nur, wenn ausschließlich mittleres Management im Raum ist:) Lassen Sie per Handzeichen abstimmen: „Wenn Sie in der Hierarchie nach unten blicken, also an die Mitarbeiter denken, die Sie führen, wünschten Sie sich dann, dass sich diese mehr in Entscheidungen einbringen?“

16 Minuten — Diskutieren Sie nun die Fragen 2 und 3 in offener Runde und fragen Sie bei Herausforderungen nach Best-Practice-Beispielen.

15-Minuten-Version

2 Minuten — Lassen Sie per Handzeichen abstimmen: „Wenn Sie in der Hierarchie nach oben blicken, also an Ihre Vorgesetzten denken, wünschten Sie sich dann eher mehr Einbeziehung in Entscheidungen?“

2 Minuten — (Nur, wenn ausschließlich mittleres Management im Raum ist:) Lassen Sie per Handzeichen abstimmen: „Wenn Sie in der Hierarchie nach unten blicken, also an die Mitarbeiter denken, die Sie führen, wünschten Sie sich dann, dass sich diese mehr in Entscheidungen einbringen?“

11 Minuten — Sammeln Sie drei, vier Statements zu den Fragen 2 und 3 in offener Runde.

Groupthink

Menschen passen sich an die Sitten und Gebräuche ihres Umfeldes an. Im Extremfall kann „Groupthink" entstehen. Dabei werden katastrophale Fehlentscheidungen getroffen, obwohl einzelne Personen Zweifel, Bedenken oder Unsicherheiten haben. Die äußern diese aber nicht, weil ...
- der Chef das nicht hören will,
- sie Angst haben, sich vor der Gruppe lächerlich zu machen,
- sie Angst haben, sich in eine Außenseiterrolle zu manövrieren.

Gruppen entscheiden schlechter als die Summe ihrer Mitglieder, wenn Informationen, die Einzelne besitzen, nicht mitgeteilt oder beachtet werden. Beispiele dafür: das Schweinebucht-Fiasko, der Vietnam-Krieg, die Watergate-Affäre, das Challenger-Unglück, das Columbia-Unglück, ...

- ***Wie gehe ich mit Kritik, Widerspruch und anderen Standpunkten um?***
- ***Wenn ich mir vorstelle: Der kreativste Querdenker/intelligenteste Kritiker meiner Organisation behält seine Erfahrungen, Meinungen, kontroversen Ideen und Standpunkte für sich und ordnet sich dem scheinbaren Konsens der Gruppe unter. Wie könnte ich dem entgegenwirken?***
- ***Wie sähe eine wünschenswerte Veränderung meiner Organisation aus? Was kann ich dafür tun?***

Anwendung: Sammeln

20-Minuten-Version

8 Minuten – Jeweils drei Teilnehmer finden sich zusammen und besprechen gemeinsam Frage 2.

4 Minuten – Die Kleingruppen berichten ihre Ergebnisse/ Ideen an die Gruppe.

8 Minuten – Sammeln Sie Statements zu Frage 3 in offener Runde.

10-Minuten-Version

Diskutieren Sie in offener Runde die Idee, die Möglichkeiten und Gefahren des „Groupthink" – und was es für Ihre Organisation bedeutet.

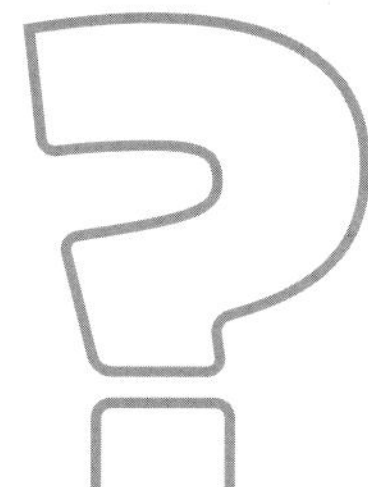

Kulturanalyse

Wie schätzen Sie Ihre Organisationskultur ein?

Umgang mit:

Fehlern
Lernen/Entwicklung
(Selbst-)Verantwortung
Vertrauen/Respekt
Kontakt
Entscheidungen
Führung/Macht
Lob/Anerkennunng/Wertschätzung
Innovation/Mut/Kreativität
Sinn/Purpose
Konflikten

- ***Wie wichtig finde ich die einzelnen Themen von 1 bis 10?*** *1 = unwichtig, 10 = sehr wichtig*
- ***Wie einig sind wir uns im Umgang mit den einzelnen Themen von 1 bis 10? Herrscht da eher Klarheit, Übereinstimmung – oder scheint das eher unklar zu sein, wie wir damit umgehen sollen/wollen?*** *1 = einig/klar, 10 = extrem uneinig/sehr unklar*

Anwendung: Priorisierung der Kulturthemen

20-Minuten-Version

10 Minuten

Vorbereitung: Beschreiben Sie jeweils eine Moderationskarte mit jeweils einem der Stichworte. Zeichnen Sie ein Koordinatensystem auf eine bespannte Pinnwand mit den Achsen „Wichtigkeit“ und „Klarheit“ (siehe Abbildung).

Jeder Teilnehmer soll für sich zu jedem der Stichworte notieren, wie wichtig ihm das Thema ist und wie klar/einig der Umgang damit eingeschätzt wird, z.B.: „Das Thema Wertschätzung ist für mich extrem wichtig“ = 10. „In meinem Arbeitsumfeld sind wir uns recht einig, wie wir damit umgehen“ = 3.

8 Minuten

Danach gehen Sie die Stichworte durch und fragen nach den zugeordneten Werten. Falls die Zahlen bei der Wichtigkeit auseinandergehen, nehmen Sie den ungefähren Mittelwert. Falls die Zahlen bei Klarheit auseinandergehen, nehmen Sie einen Wert, der über dem Mittelwert liegt. Pinnen Sie Ihre vorbereiteten Themenkarten an entsprechender Stelle in das Koordinatensystem.

Nun fügen Sie einen Pfeil von rechts oben nach links unten ein und zeigen, dass das die Priorisierung der Themen ist. Das heißt, die Themen, die oben rechts stehen, sind die Themen mit der höchsten Priorität für Ihre Organisation. Dokumentieren Sie das Ergebnis, damit Sie in der weiteren Arbeit mit den Impulsen darauf zurückgreifen können.

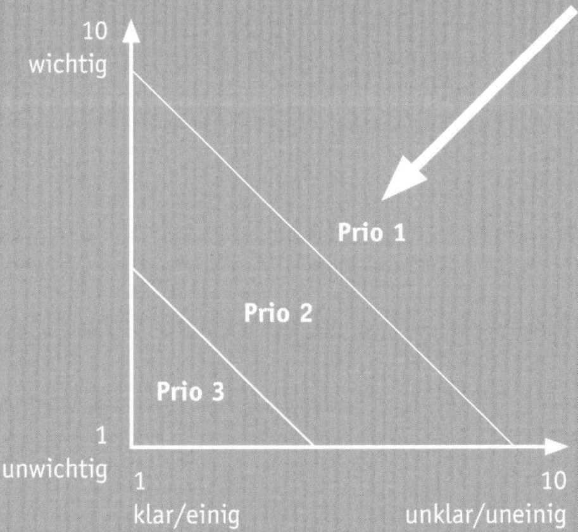

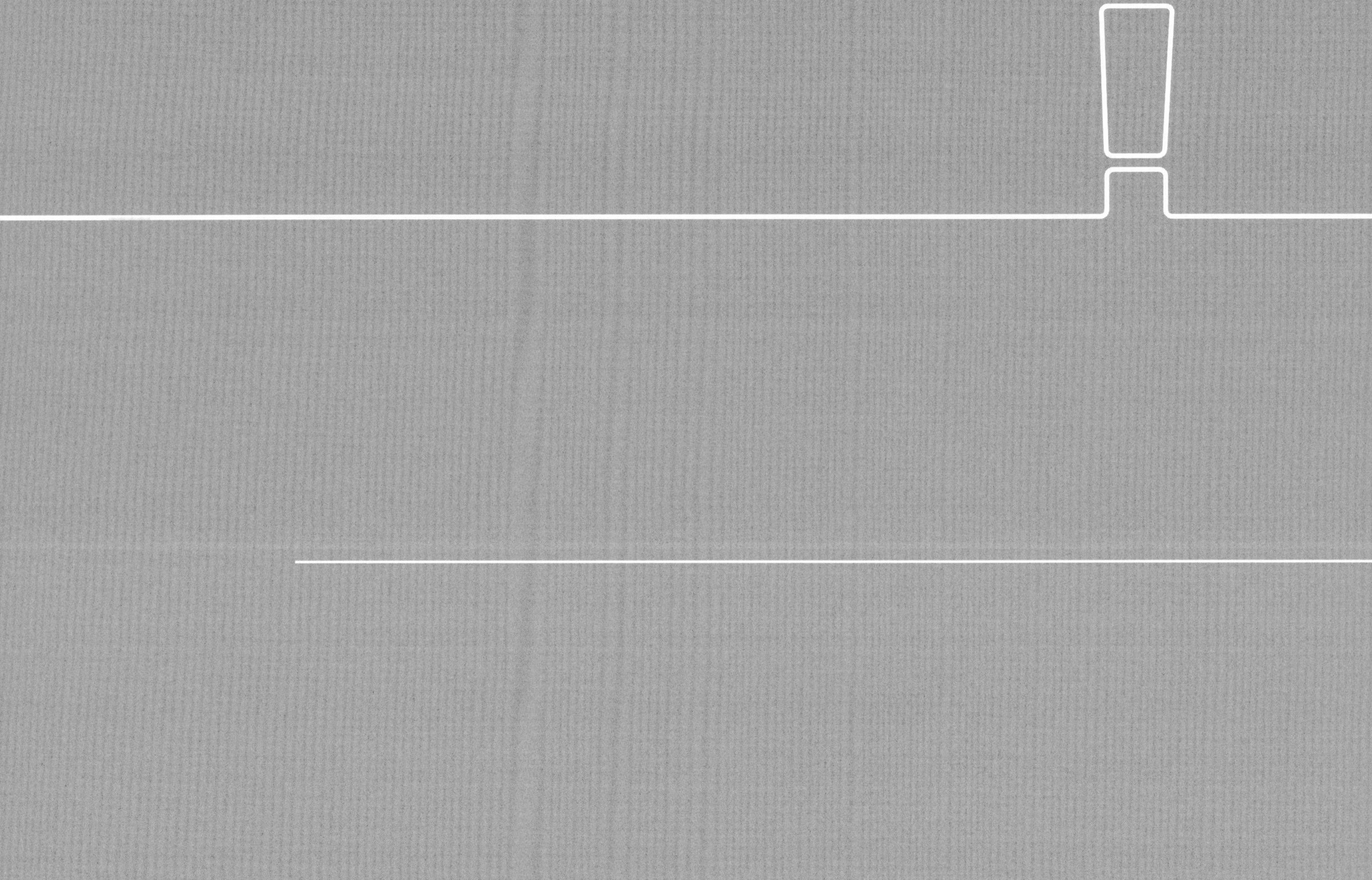

Anhang

Name	Fehler	Führung/Macht	Lernen/ Entwicklung	Lob/Anerkennung/ Wertschätzung	(Selbst-) Verantwortung	Innovation/Mut/ Kreativität	Vertrauen/Respekt	Sinn	Kontakt	Konflikt	Entscheidung	Seite
Fehler ansprechen	X								X	X		27
Welche Kultur hat der Fehler?	X		X				X					29
Pech und Pannen Gbr.	X				X					X		31
Zielorient. offensiv/defensiv?	X	X				X					X	33
Die schlimmsten Fehler	X		X		X							35
Beste Methode, keine Fehler	X	X			X							37
Schlechter Umgang mit Fehlern	X				X	X						39
Makel, Murks & Co.	X											41
Grobe Fehler	X		X									43
Fehlerball spielen	X						X		X	X		45
Wer wirklich Autorität hat	X		X		X		X					47
Bauer zur Sau	X				X		X			X		49
Flecken durch Löcher ersetzen	X						X		X	X		51
Patzer, Schnitzer & Co.	X				X					X		53
Fallbeispiel oder Fallbeil-Spiel	X	X					X					55
Yeeah, gib alles		X			X		X					57
Potenziale fördern		X	X				X		X			59

Name	Fehler	Führung/Macht	Lernen/ Entwicklung	Lob/Anerkennung/ Wertschätzung	(Selbst-) Verantwortung	Innovation/Mut/ Kreativität	Vertrauen/Respekt	Sinn	Kontakt	Konflikt	Entscheidung	Seite
Führung wahrnehmen	X	X			X							61
Erwartungen		X			X			X		X		63
Servant Leadership		X					X				X	65
Entmutigende Führung		X		X			X					67
Menschen und Aale	X	X				X	X		X			69
Schreiben Sie es auf		X								X		71
Competence & Confidence		X			X				X			73
Kollege oder Mitarbeiter?		X										75
Kaffee, aber expresso!		X		X			X			X		77
Sunk Costs	X	X	X									79
Keine Note ist falsch	X		X	X	X							81
Fehlschläge als Meilensteine	X		X		X							83
Lernen			X			X						85
Work-Learn-Balance			X			X						87
Was heute nicht richtig ist	X		X		X	X			X			89
Was braucht's			X			X			X			91
Vorher/Nachher			X			X					X	93

Name	Fehler	Führung/Macht	Lernen/ Entwicklung	Lob/Anerkennung/ Wertschätzung	(Selbst-) Verantwortung	Innovation/Mut/ Kreativität	Vertrauen/Respekt	Sinn	Kontakt	Konflikt	Entscheidung	Seite
Iteratives Lernen	X		X	X	X					X		95
Läuft doch alles!		X	X		X							97
Muss man Fehler bestrafen?	X		X		X					X		99
Mein Leben noch einmal leben	X		X	X		X						101
Nützliche Fehler?	X		X									103
Heute mache ich mal				X	X		X		X			105
Nicht geschimpft ist genug gelobt				X					X			107
Good News				X		X						109
Tag der Wahrheit				X					X			111
Organisationskultur		X	X	X	X							113
Feedback/Kritik als Geschenk				X			X		X	X		115
Positive Vorzeichen				X			X					117
Geschichten, die das Leben schrieb				X				X				119
Danke				X	X							121
Try-&-Error-Kultur	X		X	X			X		X			123
Sorry, mein Fehler	X			X	X							125
Fehler machen ist menschlich	X	X			X							127

Name	Fehler	Führung/Macht	Lernen/ Entwicklung	Lob/Anerkennung/ Wertschätzung	(Selbst-) Verantwortung	Innovation/Mut/ Kreativität	Vertrauen/Respekt	Sinn	Kontakt	Konflikt	Entscheidung	Seite
Fehlerkultur/Organisationskultur			X	X	X				X			129
Vertrauen versauen					X							131
Verschiedene Perspektiven	X				X		X			X		133
Kategorischer Imperativ	X				X		X					135
Positive (Fehler-)Kultur	X				X		X			X		137
Verantwortung übernehmen	X	X			X	X				X		139
Verantwortung für Ergebnisse		X			X			X	X			141
Ende gut, alles gut					X	X		X				143
Das haben wir schon immer			X			X						145
Hat der Fehler Kultur?	X		X			X						147
Risiko ist die Bugwelle					X	X					X	149
Wege entstehen beim Gehen						X						151
Äh, so macht ihr das hier?						X		X				153
Konkurrenz aus der Seitenstraße						X						155
Experimente an sich selbst	X		X			X						157
OMG! Das darf nicht wahr sein						X						159
Die Unverschämtheit des Telefons					X		X		X			161

Name	Fehler	Führung/Macht	Lernen/ Entwicklung	Lob/Anerkennung/ Wertschätzung	(Selbst-) Verantwortung	Innovation/Mut/ Kreativität	Vertrauen/Respekt	Sinn	Kontakt	Konflikt	Entscheidung	Seite
Ressourcen und Respekt		X					X		X			163
Fehler sind menschlich	X						X			X		165
Menschen nehmen, wie sie sind	X	X		X			X		X			167
In Fehler-Haft	X				X		X			X		169
Umgang miteinander	X						X			X		171
Schwäche oder Stärke?		X	X	X			X					173
Fehler offen ansprechen	X						X		X	X		175
Verhalten und Logik					X		X	X				177
The Business of Bbusiness					X			X				179
Was machst du denn hier?								X	X			181
An Bord pfeifen nur der Wind						X		X				183
Sinn vs. Fehler	X							X				185
Freiheit von und zu	X						X	X				187
Sinnvolle Vorschrift?					X			X				189
Feuchter Kehricht					X	X	X	X				191
Der Ton macht die Musik		X		X					X			193
Verbinden oder distanzieren?	X						X		X			195

Name	Fehler	Führung/Macht	Lernen/ Entwicklung	Lob/Anerkennung/ Wertschätzung	(Selbst-) Verantwortung	Innovation/Mut/ Kreativität	Vertrauen/Respekt	Sinn	Kontakt	Konflikt	Entscheidung	Seite
Befehlen oder nachfragen					X		X		X			197
Das wurde kommuniziert		X			X				X			199
Ein Unglück kommt selten allein	X			X	X		X		X	X		201
Über was reden wir hier eigentl.		X							X	X		203
Zweifelhafter Humor		X		X					X	X		205
Das sind Dinge					X		X		X	X		207
Enttäuschung & Fehlverhalten					X					X		209
Der Kritikpunkt		X			X		X		X	X		211
Gleiches Maß							X			X		213
Lass mich doch in Ruhe		X								X		215
Klare Ansage		X					X			X		217
Gut gemeint oder gut gemacht?		X								X	X	219
Risiken	X	X			X	X				X	X	221
Die Null-Risiko-Illusion	X		X		X	X					X	223
Entscheidungsfindung		X									X	225
Groupthink		X					X			X	X	227
Kulturanalyse	X	X	X	X	X	X	X	X	X	X	X	229

Andreas Gebhardt

Worte und Bälle lässt er fallen, Vorträge hält er, Inspirationen, Ideen und Impulse wirft er um sich, mit ständiger Weiterentwicklung im Blick. Andreas Gebhardt hat 20 Jahre als Profi-Jongleur die Welt bereist. Neugierig erkundete er das Spannungsfeld zwischen Risiko und Sicherheit, zwischen Fehlern und Entwicklung. Prallel studierte er Wirtschaft und Tourismus, setzte sich mit Projekt- und Changemanagement auseinander. Heute gibt er seine Philosophie als Vortragsredner, Trainer und Berater zu diesen Themen weiter.

Kontakt: www.andreasgebhardt.de

Mail@AndreasGebhardt.de

Download-Ressourcen

Als Leser/in dieses Buchs stehen Ihnen nach erfolgtem Login sämtliche Vorderseiten der Impulskarten als PDF-Downloads im Internet zur Verfügung. Sie bieten Ihnen die Möglichkeit, die Fragen Ihrer Wahl in der Gruppe zu verteilen oder sie zu vergrößern. Ferner stehen Ihnen dort eine Kurzanleitung sowie eine digitale Suchtabelle (Excel) zur Verfügung.

Die Adresse:
https://www.managerseminare.de/tmdl/b,277305